建筑工程施工技术

毛建光　沈　峰　肖小兵　张发庆　主编

中国建材工业出版社
北　京

图书在版编目（CIP）数据

建筑工程施工技术/毛建光等主编 . --北京：中国建材工业出版社，2024.8—ISBN 978-7-5160-4230-4

Ⅰ. TU74

中国国家版本馆 CIP 数据核字第 2024RB4766 号

内 容 简 介

《建筑工程施工技术》以国家现行建筑工程相关材料、施工与质量验收标准规范为基础，结合建筑工程施工现场实际情况进行编写，包括绿色建筑、地基基础工程、混凝土工程、砌体工程、钢结构工程、屋面工程、地下防水工程、建筑地面工程、建筑装饰装修工程、装配式建筑、绿色施工标准、无障碍设施的施工验收，共 12 章内容。

本书可供建筑工程领域施工、质量与监理等人员使用，也可供高等院校相关专业师生阅读参考。

建筑工程施工技术

JIANZHU GONGCHENG SHIGONG JISHU

毛建光　沈　峰　肖小兵　张发庆　主编

出版发行：中国建材工业出版社

地　　址：北京市西城区白纸坊东街 2 号院 6 号楼

邮　　编：100054

经　　销：全国各地新华书店

印　　刷：北京印刷集团有限责任公司

开　　本：787mm×1092mm　1/16

印　　张：13.25

字　　数：270 千字

版　　次：2024 年 8 月第 1 版

印　　次：2024 年 8 月第 1 次

定　　价：**68.00 元**

本书编委会

主　　编：毛建光　沈　峰　肖小兵　张发庆

副 主 编：王冠男　程　承　沈雁良　赖燕良
　　　　　欧世伦

参　　编：（编委按姓氏笔画排序）

丁　建　王建文　尤雅娟　毛　隽

尹龙斌　田卫平　汤智峰　杨爱良

李国林　张　瑞　张建新　陈仁炳

陈　芳　陈　杰　林　震　施占强

姜海滨　姚黎明　钱青青　隽玉敏

殷诸佳　曹　宏　曹凯敏　傅　宜

谢雅明　潘玮垚　潘浩亮　薛福强

顾　　问：王云江

主编单位：东南建设管理有限公司

参编单位：浙江天辰建筑设计有限公司

　　　　　浙江众汇工程设计咨询有限公司

　　　　　浙江永达电力实业股份有限公司

　　　　　浙江鸿翔建设集团股份有限公司

　　　　　杭州卓强建筑加固工程有限公司

前　言

　　党的二十大报告指出，"大自然是人类赖以生存发展的基本条件。尊重自然、顺应自然、保护自然，是全面建设社会主义现代化国家的内在要求。必须牢固树立和践行绿水青山就是金山银山的理念，站在人与自然和谐共生的高度谋划发展。""我们要加快发展方式绿色转型，实施全面节约战略，发展绿色低碳产业，倡导绿色消费，推动形成绿色低碳的生产方式和生活方式。"深入推进绿色低碳发展，工程建设领域的高质量发展至关重要。

　　在我国工程建设领域实现高质量发展，就要坚持"质量第一、效益优先"，做好以下工作：建立健全技术质量责任制，把好施工技术关，提高管理干部与技术人员的质量意识和技术技能，严把材料采购关、检验关，加强现场检测与检验，认真做好工程竣工验收，做好工程行业创优工作，实施严格的奖惩制度，从而实现质量与效益互促共进，加快推进质量强国建设的步伐。

　　《建筑工程施工技术》以国家现行的建筑工程相关材料、施工与质量验收标准规范为基础，并结合建筑工程施工现场实际情况进行编写，包括绿色建筑、地基基础工程、混凝土工程、砌体工程、钢结构工程、屋面工程、地下防水工程、建筑地面工程、建筑装饰装修工程、装配式建筑、绿色施工标准、无障碍设施的施工验收，共12章内容。

　　本书可供建筑工程领域施工、质量与监理等人员使用，也可供高等院校相关专业师生阅读参考。对于书中的疏漏和不当之处，敬请广大读者批评指正。

编　者
2024 年 6 月

目　录

1 绿 色 建 筑

1.1 基本规定

1. 绿色建筑设计应遵循下列原则：

（1）绿色建筑设计应以建筑全寿命期内减少二氧化碳排放为目标。

（2）绿色建筑设计应综合考虑建筑全寿命期的技术与经济特性，采用有利于促进建筑与环境可持续发展的场地、建筑形式、技术、设备和材料。

（3）绿色建筑设计应体现共享、平衡、集成的理念。规划、建筑、结构、给水排水、暖通空调、建筑电气、景观、装修等各专业在建筑设计各阶段均应紧密配合。

（4）绿色建筑设计应结合建筑所在地域的地形、地貌、气候、资源、生态、环境、经济和人文等特点，并应合理组织场地风环境、光环境、热环境和声环境。

2. 绿色建筑应按一星级、二星级和三星级设计。一星级绿色建筑设计应满足基本要求和一星级绿色建筑设计要求；二星级绿色建筑设计应满足基本要求、一星级和二星级绿色建筑设计要求；三星级绿色建筑设计应满足基本要求、一星级、二星级和三星级绿色建筑设计要求。

3. 建筑方案设计阶段应进行绿色建筑设计策划，并应提供策划专篇。

4. 建筑初步设计阶段应编写绿色建筑设计专篇；建筑施工图设计文件应包括《浙江省绿色建筑设计表》和《绿色建筑预评价自评表》。《浙江省绿色建筑设计表》应符合本章节附录 A 的规定。

5. 城镇建设用地范围内新建民用建筑（农民自建住宅除外）应进行绿色建筑设计，自评结果不应低于现行国家和地方绿色建筑评价标准的预评价一星级绿色建筑要求，其中国家机关办公建筑和政府投资或者以政府投资为主的其他公共建筑，不应低于预评价二星级绿色建筑要求。

6. 绿色建筑设计宜在设计理念、方法、技术应用等方面进行创新。

7. 绿色建筑设计应根据《浙江省绿色建筑条例》和地方绿色建筑专项规划的要求，应用新型建筑工业化技术。

8. 民用建筑应根据地方的相关规定进行全装修设计，全装修工程质量、选用材料及产品质量等要求应符合国家和地方现行有关标准的规定。

9. 民用建筑应合理采用可再生能源系统提供建筑用能，可再生能源系统应与建筑一体化设计。

    10. 绿色建筑设计应合理开发利用地下空间。

    11. 绿色建筑设计应符合各类保护区、文物古迹保护的建设控制要求。

    12. 绿色建筑设计应包括雨水控制与利用的内容。

    13. 绿色建筑设计应根据地方的相关规定采用建筑信息模型技术。

1.2 总平面设计

1.2.1 基本要求

    1. 场地的规划设计应符合项目所在地城乡规划的要求。

    2. 规划设计应在场地资源利用不超出环境承载力的前提下，节约集约利用土地。设计中应合理控制场地开发强度，采用适宜的场地资源利用技术。

    3. 场地内规划配置公共服务设施和市政基础设施时，应与周边区域共享、互补，做到集约化建设。

    4. 场地内建筑物的布局、形式、高度、体量、色调等应与场地周围环境和城市空间肌理相协调，并应避免对周边物理环境造成不良影响。

    5. 总平面设计应充分考虑室外环境的质量，优化建筑布局并进行场地环境生态补偿。

    6. 建筑规划布局应符合国家和地方现行日照标准的规定。

    7. 场地的自然条件应安全可靠，选址应满足下列要求：

    （1）应避开可能产生洪水、泥石流、滑坡等自然灾害的地段；

    （2）应避开地震时可能发生滑坡、崩坍、地陷、地裂、泥石流及地震断裂带上可能发生地表错位等不利于建筑抗震的地段；

    （3）应避开容易产生风切变的地段；

    （4）当不能避开上述安全隐患时，应采取措施保证场地对可能产生的自然灾害或次生灾害有充分的抵御能力。

    8. 建设项目的红线范围内既有公共建筑又有居住建筑时，场地空间利用效率、地下空间开发利用指标和绿地率等计算，应按居住建筑及公共建筑面积比分摊。

1.2.2 一星级设计要求

1.2.2.1 场地要求

    1. 当场地为废弃地，需要进行场地再生利用时，应满足下列要求：

    （1）对原有的工业用地、垃圾填埋场等可能存在健康安全隐患的场地，应进行土壤化学污染监测与再利用评估；

（2）利用盐碱地时应进行盐碱度监测与改良评估，地基处理和建筑设计应有预防盐碱侵蚀破坏的技术措施；

（3）利用裸岩、石砾地、陡坡地、塌陷地、沼泽地、废窑坑等废弃场地时，应进行场地安全性评价，并应采取相应的防护措施；

（4）应根据场地及周边地区环境影响评估和全寿命期成本评价，选择场地改造或土壤改良的措施；

（5）改造或改良后的场地应满足项目建设要求。

2. 规划设计中应核查场地环境质量的相关资料，当环境质量指标不满足现行国家相关标准要求时，应采取相应措施，并对措施的可操作性和实施效果进行评估。

1.2.2.2 场地资源利用

1. 土地开发利用应符合下列规定：

（1）住宅建筑所在居住街坊的人均住宅用地指标应符合表 1-1 的规定；

表 1-1　一星级设计居住街坊人均住宅用地指标 A

住宅建筑平均层数	3 层及以下	4～6 层	7～9 层	10～18 层	19 层及以上
人均住宅用地指标（m²）	$A\leqslant36$	$A\leqslant27$	$A\leqslant20$	$A\leqslant16$	$A\leqslant12$

（2）公共建筑的容积率指标应符合表 1-2 的规定。

表 1-2　一星级设计公共建筑容积率指标 R

建筑类型	行政办公、商务办公、商业金融、旅馆饭店、交通枢纽等	教育、文化、体育、医疗卫生、社会福利等
容积率	$R\geqslant1.0$	$R\geqslant0.5$

2. 地下空间的开发利用应符合下列规定：

（1）地下空间开发利用指标应符合表 1-3 的规定；

表 1-3　一星级设计地下空间开发利用指标

住宅建筑	地下建筑面积与地上建筑面积的比率 Rr	$Rr\geqslant5\%$
公共建筑	地下建筑面积与总用地面积之比 $Rp1$	$Rp1\geqslant0.5$

（2）地下空间应与地面交通系统有效连接。

3. 规划设计中应对可利用的可再生能源进行勘查与利用评估，确定合理利用方式，确保利用效率，并应满足下列要求：

（1）利用地下水资源时，应取得政府相关部门的许可，并应对地下水系和形态进行评估，不得对地下水环境产生不利影响；

（2）利用地热能时，应对地下土壤分层、温度分布和渗透能力进行调查，评估地热能开采对地下空间、地下生态环境的影响；

（3）利用太阳能时，应对场地内太阳能利用条件进行调查，评估太阳能利用对场地内及周边环境的影响；

（4）利用风能时，应对场地及周边风力资源进行调查，评估风能利用对场地及周边声环境的影响。

1.2.2.3 场地规划与室外环境

1. 场地光环境应符合下列规定：

（1）应合理地进行场地和道路照明设计，室外照明光污染应符合现行国家标准《室外照明干扰光限制规范》（GB/T 35626）、现行行业标准《城市夜景照明设计规范》（JGJ/T 163）和现行地方标准《环境照明工程设计规范》（DB33/T 1055）的相关规定；

（2）建筑外表面的设计与选材应能有效避免光污染，玻璃幕墙可见光反射比不应大于 0.2。

2. 总平面设计中应根据相关规定对场地风环境进行模拟预测，优化建筑布局，保证舒适的室外活动空间和室内良好的自然通风条件。场地风环境应符合下列规定：

（1）冬季典型风速和风向条件下建筑物周围人行区 1.5m 处风速应小于 5m/s，户外休息区、儿童娱乐区风速应小于 2m/s，且风速放大系数应小于 2；

（2）应避开冬季主导风向，冬季除迎风面第一排建筑外，建筑迎风面与背风面表面风压差不应大于 5Pa；

（3）建筑物应采用能改善其后排建筑外部通风条件的构造，过渡季、夏季典型风速和风向条件下场地内人活动区不应出现涡旋或无风区，空气污染源不宜设在涡旋或无风区内；

（4）过渡季、夏季典型风速和风向条件下，50％以上可开启外窗室内外表面的风压差大于 0.5Pa。

3. 场地声环境应按现行国家标准《声环境质量标准》（GB 3096）设计，对场地周边的噪声现状应进行监测，对项目实施后的环境噪声应进行预测，并应符合下列规定：

（1）场地内不应设置未经有效处理的强噪声源，对固定噪声源应采取适当的隔声和降噪措施；

（2）当建筑相邻高速公路或快速路，且临道路一侧退后道路红线距离小于 15m 时，或当建筑相邻城市干道，且临道路一侧退后用地红线距离小于 12m 时，应进行噪声专项分析；

（3）对交通干道的噪声宜采取声屏障或降噪路面等措施；

（4）对声环境要求高的建筑，宜设置于主要噪声源主导风向的上风侧，并应进行噪声专项分析；

（5）宜将对噪声不敏感的建筑物布置在场地内邻近交通干道的位置，以形成周边式的声屏障。

4. 场地热环境应符合下列规定：

（1）场地中处于建筑阴影区外的步道、游憩场、庭院、广场等室外活动场地设有乔木、花架等遮阴措施的面积比例，住宅建筑不应小于 30%，公共建筑不应小于 10%；

（2）屋顶的绿化面积、太阳能板水平投影面积、屋面设备占用面积以及太阳能辐射反射系数不小于 0.4 的屋面面积合计应达到 75%；

（3）应根据相关规定进行场地热环境的模拟预测，分析夏季典型日的热岛强度和室外热舒适性，优化规划设计方案；

（4）家用和类似用途空调器的室外机与室外通道地面的距离应高于 2.5m，且不得占用公共人行道；建筑物内部的通道、出口等公用空间不得安装空调室外机。

5. 场地交通设计应符合下列规定：

（1）充分利用场地周边现有交通网络，并考虑项目建成后对现有区域交通网络的影响；

（2）场地与公共交通站点联系便捷，人行出入口到达公共交通站点的步行距离不大于 500m，或人行出入口到达轨道交通站的步行距离不大于 800m，或配备联系公共交通站点的专用接驳车；

（3）场地内道路系统便捷顺畅，并满足消防、救护及减灾救灾的要求；

（4）采取人车分流措施，且步行和自行车交通系统有充足照明；

（5）场地内的建筑、室外场地、公共绿地之间，以及场地与城市道路之间设置连贯的无障碍步行系统。

6. 场地内停车设施的设置和配建应按现行地方标准《城市建筑工程停车场（库）设置规则和配建标准》（DB33/T 1021）的规定执行，并符合下列规定：

（1）机动车停车宜采用机械式停车设施、地下停车库或地面停车楼等方式，住宅建筑地面停车位数量与住宅总套数的比率宜小于 10%，公共建筑地面停车占地面积与其总建设用地面积的比率宜小于 8%；

（2）机动车停车场（库）应具有电动汽车充电设施或具备充电设施的安装条件，并应合理设置电动汽车和无障碍汽车停车位；

（3）自行车停车场所应位置合理、方便出入。

7. 场地内及周边区域应提供便利的公共服务，并应满足下列要求：

1）住宅建筑应至少满足下列要求中的 4 项：

（1）场地出入口到达幼儿园的步行距离不大于 300m；

（2）场地出入口到达小学的步行距离不大于 500m；

（3）场地出入口到达中学的步行距离不大于 1000m；

（4）场地出入口到达医院的步行距离不大于 1000m；

（5）场地出入口到达群众文化活动设施的步行距离不大于 800m；

（6）场地出入口到达老年人日间照料设施的步行距离不大于 500m；

（7）场地周边 500m 范围内具有不少于 3 种商业服务设施。

2）公共建筑应至少满足下列要求中的 1 项：

（1）场地不封闭或场地内步行公共通道向社会开放；

（2）室外活动场地向社会开放；

（3）周边 500m 范围内设有社会公共停车场（库）。

8. 总平面设计应采取保障人员安全的防护措施，并应满足下列要求：

（1）场地内不应有排放超标的污染源；

（2）应设计安全防护的警示和引导标识系统；

（3）室外活动场所、坡道、路面应采用防滑地面，防滑等级达到现行行业标准《建筑地面工程防滑技术规程》（JGJ/T 331）规定的 A_w 级。

9. 场地内应合理规划配置符合垃圾分类收集要求的场所和设施，并应与周围景观协调。

10. 场地内应合理规划设置室外吸烟区，并应布置在建筑主出入口的主导风的下风向，与所有建筑出入口、新风进气口和可开启窗扇的距离不小于 8m，且距离儿童和老人活动场地不小于 8m。

1.2.3　二星级设计要求

1. 公共建筑的容积率指标应符合表 1-4 的规定。

表 1-4　二星级设计公共建筑容积率指标

建筑类型	行政办公、商务办公、商业金融、旅馆饭店、交通枢纽等	教育、文化、体育、医疗卫生、社会福利等
容积率	$R \geq 1.5$	$R \geq 0.8$

2. 地下空间的开发利用应符合下列规定：

（1）地下空间开发利用指标应符合表 1-5 的规定。

表 1-5　二星级设计地下空间开发利用指标

住宅建筑	地下建筑面积与地上建筑面积的比率 Rr	$Rr \geq 20\%$
公共建筑	地下建筑面积与总用地面积之比 R_{p1} 地下一层建筑面积与总用地面积的比率 R_p	$R_{p1} \geq 0.7$ 且 $R_p < 70\%$

（2）地下空间应有效利用天然采光和自然通风，宜与地面景观结合。

（3）地下空间开发利用中，应采取保护地下水体补充路径的措施。

3. 场地内环境噪声值不应大于现行国家标准《声环境质量标准》（GB 3096）中 3 类声环境功能区标准限值。

4. 场地热环境应符合下列规定：

（1）场地中处于建筑阴影区外的步道、游憩场、庭院、广场等室外活动场地设有乔木、花架等遮阴措施的面积比例，住宅建筑不应小于 50%，公共建筑不应小于 20%；

（2）场地中处于建筑阴影区外的机动车道，路面太阳辐射反射系数不小于 0.4 或设有遮阴面积较大的行道树的路段长度应超过 70%。

5. 场地交通设计应符合下列规定：

（1）场地出入口步行距离 800m 范围内设有不少于 2 条线路的公共交通站点；

（2）对场地内各出入口位置及通道进行明显的导向标识设计。

6. 总平面设计应利用场地或景观形成可降低坠物风险的缓冲区、隔离带。

7. 室外吸烟区与绿植结合布置，并合理配置座椅和带烟头收集的垃圾桶，从建筑主出入口至室外吸烟区的导向标识完整、定位标识醒目，吸烟区设置吸烟有害健康的警示标识。

1.2.4 三星级设计要求

1. 土地开发利用应符合下列规定：

（1）住宅建筑其所在居住街坊的人均住宅用地指标应符合表 1-6 的规定。

表 1-6 三星级设计居住街坊人均住宅用地指标 A

住宅建筑平均层数	3 层及以下	4~6 层	7~9 层	10~18 层	19 层及以上
人均住宅用地指标（m²）	$A \leqslant 33$	$A \leqslant 24$	$A \leqslant 19$	$A \leqslant 15$	$A \leqslant 11$

（2）公共建筑的容积率指标应符合表 1-7 的规定。

表 1-7 三星级设计公共建筑容积率指标 R

建筑类型	行政办公、商务办公、商业金融、旅馆饭店、交通枢纽等	教育、文化、体育、医疗卫生、社会福利等
容积率	$R \geqslant 2.5$	$0.8 \leqslant R \leqslant 2.0$

2. 地下空间的开发利用应符合下列规定：

（1）地下空间开发利用指标应符合表 1-8 的规定。

表 1-8 三星级设计地下空间开发利用指标

住宅建筑	地下建筑面积与地上建筑面积的比率 Rr 地下一层建筑面积与总用地面积的比率 Rp	$Rr \geqslant 35\%$ 且 $Rp < 60\%$
公共建筑	地下建筑面积与总用地面积之比 $Rp1$ 地下一层建筑面积与总用地面积的比率 Rp	$Rp1 \geqslant 1.0$ 且 $Rp < 60\%$

（2）新建建筑地下空间宜与相邻建筑地下空间相连通或整体开发利用。

3. 场地内环境噪声值不应大于现行国家标准《声环境质量标准》（GB 3096）中 2 类声环境功能区标准限值。

4. 场地交通设计宜符合下列规定：

（1）场地出入口到达公共交通站点的步行距离不大于 300m，或到达轨道交通站的步行距离不大于 500m；

（2）用地面积 50 万 m² 以上的建设项目，设内部公共交通系统，并优先选择使用清洁能源的交通工具。

5. 场地内停车设施的设计宜考虑在不影响内部使用的情况下，便于采用错时停车方式向社会开放。

6. 场地内及周边区域应提供便利的公共服务，并宜满足下列要求：

1）住宅建筑宜至少满足下列要求中的 6 项：

（1）场地出入口到达幼儿园的步行距离不大于 300m；

（2）场地出入口到达小学的步行距离不大于 500m；

（3）场地出入口到达中学的步行距离不大于 1000m；

（4）场地出入口到达医院的步行距离不大于 1000m；

（5）场地出入口到达群众文化活动设施的步行距离不大于 800m；

（6）场地出入口到达老年人日间照料设施的步行距离不大于 500m；

（7）场地周边 500m 范围内具有不少于 3 种商业服务设施。

2）公共建筑宜满足下列要求：

（1）场地不封闭或场地内步行公共通道向社会开放；

（2）室外活动场地向社会开放；

（3）周边 500m 范围内设有社会公共停车场（库）。

1.3 建筑设计

1.3.1 基本要求

1. 建筑设计应按照被动措施优先的原则，优化建筑形体、空间布局和空间尺度，充分利用天然采光、自然通风等自然资源，采取围护结构保温、隔热、遮阳等措施，降低建筑的用能需求。

2. 建筑设计应根据周围环境和场地条件，综合考虑场地内外的声、光、风、热等因素，确定合理的建筑布局、形体、朝向和间距，应充分考虑噪声控制的要求，满足日照要求。

3. 建筑设计应结合场地自然条件和建筑功能需求进行节能设计，建筑节能设计应满足现行国家和地方建筑节能设计标准的要求，且应符合下列规定：

（1）建筑朝向宜控制在南偏东 30°至南偏西 15°范围。当建筑处于不利朝向时，应采取补偿措施。

（2）甲类公共建筑各单一立面窗墙面积比（包括透光幕墙）均不宜大于0.70。

（3）建筑遮阳设计应兼顾采光、通风、视野、隔热、散热、冬季日照等功能的要求；主要功能房间外窗（包括透光幕墙）除北向外，均应采取遮阳措施。

（4）设置有通高空间的建筑中庭宜设置自然通风降温设施。

4. 围护结构热工性能应满足下列要求：

（1）在室内设计温度、湿度条件下，建筑非透光围护结构内表面不得结露；

（2）建筑的屋面、外墙内部不应产生冷凝；

（3）屋顶设计应考虑保温和隔热的效果，其传热系数必须满足节能设计标准的规定性指标要求；屋顶和外墙隔热性能应满足现行国家标准《民用建筑热工设计规范》（GB 50176）的要求。

5. 建筑形体与造型要素应简约，并满足下列要求：

（1）结构及构造应合理，满足建筑功能和技术的要求；

（2）不应采用大量装饰性构件；

（3）外遮阳、可再生能源利用设施、空调室外机位、外墙花池等外部设施应与建筑主体结构进行统一设计，并应具备安装、检修与维护条件。

6. 建筑围护结构及内外设施应具有良好的性能，并应满足下列要求：

（1）建筑外墙、屋面、门窗、幕墙及外保温等围护结构应满足安全、耐久和防护的要求；

（2）建筑外门窗必须安装牢固，其气密性、水密性和抗风压性能应符合国家现行有关标准的规定；

（3）建筑内部的非结构构件、设备及附属设施等应连接牢固。

7. 无障碍设计应结合建筑功能特性，并符合现行国家标准《无障碍设计规范》（GB 50763）的规定。

8. 建筑室内应设置便于识别和使用的标识系统。特定部位应具有安全防护的警示和引导标识系统。

9. 走廊、疏散通道等通行空间应满足紧急疏散、应急救护等要求，且应保持畅通。

10. 主要功能房间的室内噪声级和围护结构的隔声性能应满足下列要求：

（1）主要功能房间的室内噪声级应满足现行国家标准《民用建筑隔声设计规范》（GB 50118）中的低限要求；

（2）外墙、隔墙、楼板和门窗的隔声性能应满足现行国家标准《民用建筑隔声设计规范》（GB 50118）中的低限要求。

11. 建筑设计应创造良好的室内环境，并应符合下列要求：

（1）应控制建筑工程中建筑材料和装修材料产生的室内环境污染，严禁使用苯、工业苯、石油苯、重质苯及混苯作为稀释剂和溶剂；

（2）室内空气中的氨、甲醛、苯、甲苯、二甲苯、总挥发性有机物、氡等污染物浓度应满足现行国家标准《民用建筑工程室内环境污染控制标准》(GB 50325)和《室内空气质量标准》(GB/T 18883)的有关规定;

(3)建筑室内和建筑主要出入口应在醒目位置设置禁烟标志。

12. 公共场所人员通行区域的楼地面应防滑、耐磨、易清洁。

13. 卫生间、浴室的楼、地面应设置防水层,墙面、顶棚应设置防潮层。

1.3.2 一星级设计要求

1.3.2.1 建筑空间布局

1. 在满足使用功能的前提下,建筑空间布局应符合下列要求:

(1)尽量减少交通等辅助空间的面积;

(2)充分考虑建筑使用功能、使用人数和使用方式等变化的预期需求,选择适宜的空间尺度,如开间和层高等;

(3)室内环境需求相同或相近空间集中布置。

2. 建筑空间布局和功能分区合理,无明显的噪声干扰。有噪声、振动、电磁辐射和空气污染的房间应远离有安静要求、人员长期居住或工作的房间及场所,当相邻设置时,必须采取可靠的防护措施。

3. 设备机房、管道井宜靠近负荷中心布置。机房、管道井的设置应便于设备和管道的维修、改造和更换。

4. 公共建筑宜在入口附近设置过渡空间。

5. 建筑设计应充分利用连廊、架空层、上人屋面、室外广场等设置公共的步行通道、公共活动空间、公共开放空间,并宜满足全天候的使用要求。

6. 建筑设计应根据周围环境和地理位置进行建筑空间布局。居住建筑与其相邻建筑的间距应满足日照要求,且不宜小于 18m;公共建筑的主要功能房间宜能通过外窗看到室外自然景观,且无明显视线干扰。

7. 公共建筑设计应至少符合下列要求中的 1 项规定:

(1)建筑内至少兼容 2 种面向社会的公共服务功能;

(2)公共建筑集中设置,配套辅助设施设备共同使用、资源共享;

(3)建筑向社会公众提供开放的公共活动空间。

1.3.2.2 围护结构

1. 建筑设计宜结合场地自然条件,对建筑的体形、空间、朝向、楼距、窗墙比等进行优化设计。

2. 围护结构热工性能指标应符合下列要求之一:

(1)围护结构热工性能比国家现行相关建筑节能设计标准规定的提高幅度达到 5%;

(2)供暖空调全年计算负荷降低幅度达到 5%。

3. 建筑墙体保温设计应满足下列要求：

（1）外墙出挑及附墙构件等部位应采取适宜的保温措施；

（2）外墙外保温的外门窗周边及墙体转角等应力集中部位，应采取可靠构造措施防止裂缝；

（3）温度要求差异较大或空调、供暖时段不同的空间之间，宜有保温隔热措施。

4. 建筑外门窗的设计应满足下列要求：

（1）居住空间北向不应设置凸窗，其他朝向不宜设置凸窗；凸窗的上下及侧向非透明墙体应做保温处理；

（2）外窗框与外墙之间缝隙应采用保温材料填充，并用密封材料嵌缝；

（3）金属窗框和明框幕墙型材应采取隔断热桥措施，玻璃应采用中空玻璃；

（4）外窗宜选用取得"建筑门窗节能性能标识"认证的产品，且外窗使用地区应与标识推荐的适宜地区相一致；

（5）天窗应设置可调节遮阳设施；

（6）人员进出频繁的公共建筑主要出入口宜采用双道门、旋转门或设置风幕。

5. 建筑设计应在保障安全性能的前提下，结合建筑的使用功能和造型风格进行合理的遮阳设计，改善室内热舒适，降低建筑能耗；宜利用计算机软件进行遮阳模拟分析。

6. 建筑设计应选择耐久性好的外饰面材料并采取可靠的建筑构造，宜设置便于建筑外立面维护的设施。

1.3.2.3 建筑光环境

1. 建筑设计应充分利用天然采光，房间的有效采光面积和采光系数应符合国家现行相关标准要求，且应符合下列规定：

（1）利用天然采光时应避免产生眩光，主要功能房间应有合理的控制眩光措施；

（2）住宅建筑外门窗设置遮阳措施时应满足日照和采光标准的要求；

（3）当住宅户型有 4 个及 4 个以上居住空间时，应至少有 2 个居住空间满足日照标准的要求；

（4）居住建筑卧室、起居室（厅）、厨房应有直接天然采光；卧室、起居室（厅）窗地面积比不应小于 1/6；

（5）公共建筑室内主要功能房间采光系数满足现行国家标准《建筑采光设计标准》（GB 50033）要求的面积比例不应小于 60%；

（6）建筑设计应充分考虑公共建筑内区的天然采光。

2. 建筑外立面设计应符合下列规定：

（1）外立面设计不应对周围环境产生光照污染，不应采用镜面玻璃或抛光金属板等材料；

（2）玻璃幕墙的设计应满足政府相关规定的要求，玻璃幕墙可见光反射比不应大于 0.2；

（3）新建住宅、党政机关办公楼、医院门诊急诊楼和病房楼，不得在二层及以上部位采用玻璃幕墙；中小学校、托儿所、幼儿园、青少年宫、老年人建筑，不得在二层及以上部位采用玻璃幕墙或石材幕墙。

1.3.2.4　室内风环境

1. 建筑设计应对建筑室内环境的自然通风、气流组织进行设计，宜进行室内风环境模拟分析，指导并优化自然通风设计。

2. 住宅建筑的主要用房均应以自然通风为主，并应满足下列要求：

（1）卧室、起居室（厅）、厨房应有自然通风；

（2）宜避免单侧通风；

（3）当一套住宅设有 2 个及 2 个以上卫生间时，至少有一个卫生间设为明卫；

（4）厨房和卫生间应设置辅助排气设施；

（5）电梯间、楼梯间、走廊等公共空间宜以自然通风为主；

（6）单朝向住宅应采取改善自然通风的措施。

3. 公共建筑在过渡季典型工况下主要功能房间平均自然通风换气次数不少于 2 次/h 的面积比例不宜小于 70%。

4. 建筑应合理设计外窗的位置、方向和开启方式，改善自然通风效果。外窗的开启面积应符合国家和地方现行相关标准的规定，且应符合下列规定：

1）住宅建筑应符合下列规定：

（1）北区建筑的每套住宅的外窗（包括阳台门）通风开口面积不宜小于房间地面面积的 8%，且不应小于房间地面面积的 5%；

（2）南区建筑的每套住宅的外窗（包括阳台门）通风开口面积不宜小于房间地面面积的 10%，且不应小于房间地面面积的 8% 或外窗面积的 45%；

（3）厨房的直接自然通风开口面积不应小于该房间地面面积的 10%，并不得小于 $0.60m^2$。

2）公共建筑应符合下列规定：

（1）甲类公共建筑外窗（包括透光幕墙）应设可开启窗扇，其有效通风换气面积不宜小于所在房间外墙面积的 10%；当透光幕墙受条件限制无法设置可开启窗扇时，应设置通风换气装置；

（2）乙类公共建筑外窗有效通风换气面积不宜小于窗面积的 30%；

（3）透光幕墙应在每个独立空间设置可开启部分。

5. 建筑设计宜考虑主要功能房间室内热舒适度，使建筑具有良好的室内热湿环境。

1.3.2.5　室内声环境

1. 建筑室内的允许噪声级宜达到现行国家标准《民用建筑隔声设计规范》（GB 50118）的低限标准限值和高要求标准限值的平均值。

2. 根据设计建筑对声环境的不同要求，宜将各类房间进行区域划分；产生较大噪声的设备机房等噪声源空间宜集中布置，并远离工作、休息等对声环境要求高的房间，当受条件限制而紧邻布置时，应采用有效的隔声和减振措施。噪声源的位置应满足下列要求：

（1）宜将噪声源设置在地下；

（2）不应将有噪声和振动的设备用房与主要用房或有安静要求房间贴邻布置，当其设在同·楼层时，应分区布置；

（3）产生噪声的卫生间等辅助用房宜集中布置，上下层对齐。

3. 噪声源空间的设计应满足下列要求：

（1）门不应直接开向有安静要求的使用空间；

（2）与有安静要求的空间之间的墙体和楼板，应做隔声处理，门窗应选用隔声门窗；

（3）墙面及顶棚宜做吸声和隔声处理。

4. 毗邻城市交通干道的建筑，应加强外墙、外窗、外门的隔声性能，满足隔声要求。

5. 下列场所宜采取吸声和隔声措施：

（1）学校、医院、旅馆、办公楼建筑的走廊及门厅等人员密集场所；

（2）车站、体育场馆、商业中心等大型建筑的人员密集场所。

6. 噪声源减振降噪设计应满足下列要求：

（1）应选用低噪声设备，设备、管道应采用有效的减振、隔振、消声措施。对产生振动的设备基础应采取隔振措施。

（2）电梯、发电机组、空调机组等设备应采取减振降噪措施。

（3）冷水机组和水泵等设备基础宜建成浮筑式声阻断基础，或采用隔振支架、隔振橡胶垫等隔振措施。

（4）冷却塔应采用隔振支撑，出风口可安装消声器，并宜采用遮蔽措施。

（5）风机和吊顶风柜的送、回风管道宜安装消声器。

（6）风道与水管应采用消声风道、消声弯头、消声器、消声软管等方式控制透射噪声，采用隔振吊架、隔振支撑、软接头等进行连接部位的隔振。

1.3.2.6 室内空气质量

1. 室内装饰装修材料及材料中氨、甲醛、苯、甲苯、二甲苯、VOC、氡等有害物质限量必须符合现行国家标准《室内装饰装修材料》有害物质限量系列标准（GB 18580～GB 18588）、《建筑材料放射性核素限量》（GB 6566）和《民用建筑工程室内环境污染控制标准》（GB 50325）等标准的规定。

2. 氨、甲醛、苯、甲苯、二甲苯、总挥发性有机物、氡等室内主要空气污染物浓度应比现行国家标准《室内空气质量标准》（GB/T 18883）规定的限值降低10%。

3. 公共建筑的主要出入口应设置刮泥地垫、刮泥板等设施。

4. 建筑设计宜优化空间布局，避免厨房、餐厅、打印复印室、卫生间、垃圾间、清洁间、地下车库等区域的空气和污染物串通到其他空间。

5. 室内装饰装修材料宜采用可提高室内空气质量的功能材料。

1.3.2.7 安全耐久

1. 建筑设计应兼顾建筑使用功能变化及空间变化的适应性。商店建筑中可变换功能的室内空间应采用不低于30%的可重复使用的隔断（墙）。

2. 建筑中频繁使用的活动配件应选用长寿命产品，并考虑部品组合的同寿命性；不同使用寿命的部品组合时，其构造应便于分别拆换、更新和升级。

3. 建筑设计应采取保障人员安全的防护措施，并满足下列要求：

（1）采取措施提高阳台、外窗、窗台、防护栏杆等安全防护水平；

（2）建筑物主要出入口均设置外墙饰面、门窗玻璃意外脱落的防护措施，可与人员通行区域的遮阳、遮风或挡雨措施结合。

4. 建筑设计应采用具有安全防护功能的产品或配件：

（1）应采用具有安全防护功能的玻璃；

（2）应采用具备防夹功能的门窗。

5. 室内楼地面的防滑设计应满足下列要求：

（1）建筑出入口及平台、公共走廊、电梯门厅、厨房、浴室、卫生间等应设置防滑措施，防滑等级不宜低于现行行业标准《建筑地面工程防滑技术规程》（JGJ/T 331）规定的 B_d、B_w 级；

（2）建筑室内活动场所应采用防滑地面，防滑等级宜达到现行行业标准《建筑地面工程防滑技术规程》（JGJ/T 331）规定的 A_d、A_w 级；

（3）建筑坡道、无障碍步道、楼梯踏步应采用防滑条等防滑构造技术措施，防滑等级宜达到现行行业标准《建筑地面工程防滑技术规程》（JGJ/T 331）规定的 A_d、A_w 级或水平地面等级提高一级。

1.3.3 二星级设计要求

1. 建筑空间和布局宜符合下列规定：

（1）建筑的主出入口、门厅附近（距离主出入口15m以内）宜设置便于日常使用的楼梯，楼梯间宜具有天然采光和良好的视野；

（2）室内健身空间面积不小于地上建筑面积的0.3%且不小于60m²；

（3）公共建筑宜配套设置公共淋浴、更衣设施。

2. 围护结构热工性能指标应符合下列规定之一：

（1）围护结构热工性能比国家现行相关建筑节能设计标准规定的提高幅度达到10%；

（2）供暖空调全年计算负荷降低幅度达到 10%。

3. 建筑屋面的设计应满足下列要求：

（1）屋顶保温隔热构造宜采取适宜地域性的技术措施；

（2）宜采用浅色饰面材料，白色或浅色中高明度反射隔热涂料；

（3）宜采用种植屋面、通风屋面和屋面遮阳设施等屋面隔热措施；

（4）屋顶绿化面积、太阳能板水平投影面积以及采用太阳辐射反射系数不小于 0.4 的屋面面积合计宜达到 75%。

4. 建筑宜设置可调节遮阳设施，可调节遮阳设施的面积占外窗（包括透光幕墙）透明部分的比例不宜低于 25%。

5. 建筑设计应充分利用天然采光，并符合下列规定：

（1）居住建筑的公共空间宜有天然采光，其采光系数标准值不宜低于 0.5%；

（2）办公、旅馆类公共建筑 75% 以上的主要功能空间室内采光系数标准值宜满足现行国家标准《建筑采光设计标准》（GB 50033）的要求；

（3）地下空间宜利用天然采光。

6. 建筑应具有良好的通风换气性能，并符合下列规定：

1）公共建筑在过渡季典型工况下主要功能房间平均自然通风换气次数不少于 2 次/h 的数量比例不应小于 70%。

2）外窗的开启面积应满足国家和地方现行相关标准的要求，且应符合下列规定：

（1）北区居住建筑的每套住宅的外窗（包括阳台门）通风开口面积不宜小于房间地面面积的 10%，且不应小于房间地面面积的 8% 或外窗面积的 45%；

（2）南区居住建筑的每套住宅的外窗（包括阳台门）通风开口面积不应小于房间地面面积的 10% 或外窗面积的 45%；

（3）公共建筑 18 层以下外窗设计应综合考虑自然通风和天然采光的要求，外窗有效通风换气面积不应小于所在房间外墙的 10%，且可开启面积不应小于外窗面积的 30%，不宜小于外窗面积的 35%；

（4）透光幕墙可开启面积比例不应小于透光幕墙面积的 5%。

3）居住建筑应预留有组织通风换气装置的安装条件。

7. 建筑室内的允许噪声级、围护结构的空气声隔声量及楼板撞击声隔声量应满足下列要求：

1）住宅建筑应满足下列要求：

（1）主要功能房间室内噪声级应达到现行国家标准《民用建筑隔声设计规范》（GB 50118）中的低限标准限值和高要求标准限值的平均值；

（2）构件和相邻房间之间的空气声隔声性能应达到现行国家标准《民用建筑隔声设计规范》（GB 50118）中的低限标准限值和高要求标准限值的平均值；

（3）楼板的撞击声隔声性能应达到现行国家标准《民用建筑隔声设计规范》（GB

50118）中的低限标准限值和高要求标准限值的平均值。

2）公共建筑及其他居住建筑应满足下列要求：

（1）主要功能房间室内噪声级应达到现行国家标准《民用建筑隔声设计规范》（GB 50118）中的低限标准限值和高要求标准限值的平均值；

（2）构件和相邻房间之间的空气声隔声性能宜达到现行国家标准《民用建筑隔声设计规范》（GB 50118）中的低限标准限值和高要求标准限值的平均值。

8. 有特殊音质要求的房间声环境设计，宜进行空间体形的优化设计，合理采用布置声反射板或吸声材料等措施。公共建筑中的多功能厅、接待大厅、大型会议室和其他有声学要求的重要房间应进行专项声学设计，满足相应功能要求。

9. 氨、甲醛、苯、甲苯、二甲苯、总挥发性有机物、氡等室内主要空气污染物浓度应比现行国家标准《室内空气质量标准》（GB/T 18883）规定的限值降低 20%。

10. 建筑设计时，选用满足国家现行绿色产品评价标准中对有害物质限量要求的装饰装修材料，应至少达到 3 类。

11. 建筑设计宜采用装配式建筑和装配化装修。建筑装修设计应至少选用 1 种新型建筑工业化内装部品，其占同类部品用量比例达到 50%。

12. 建筑的公共部位应进行土建与装修一体化设计。

13. 合理采用耐久性好、易维护的装饰装修建筑材料，并宜满足下列要求：

（1）采用耐久性好的防水和密封材料；

（2）采用耐久性好、易维护的室内装饰装修材料。

14. 建筑室内公共区域宜考虑全龄化设计要求，并宜满足下列要求：

（1）建筑室内公共区域的墙、柱等处的阳角均为圆角，并设有安全抓杆或扶手；

（2）设有可容纳担架的无障碍电梯。

1.3.4 三星级设计要求

1. 建筑设计应结合场地自然条件，对建筑的体形、空间、朝向、楼距、窗墙比等进行优化。

2. 建筑设计宜充分利用建筑的坡屋顶空间和其他不易使用的空间。

3. 围护结构热工性能指标应符合下列规定之一：

（1）围护结构热工性能比国家现行相关节能设计标准规定的提高幅度达到 20%；

（2）供暖空调全年计算负荷降低幅度达到 15%。

4. 外墙设计应选择合理的构造措施，保证房间在自然通风情况下，东、西外墙的内表面最高温度应满足现行国家标准《民用建筑热工设计规范》（GB 50176）的要求，并宜采用下列措施加强外墙的保温隔热性能：

（1）选用建筑节能与结构一体化技术体系为主的自保温材料，辅以其他形式的保温构造；

（2）采用浅色饰面材料，宜采用白色或浅色反射隔热涂料；

（3）宜设置通风间层；

（4）东、西向外墙宜采取垂直绿化或其他遮阳措施。

5. 建筑应设置可调节遮阳设施，可调节遮阳设施的面积占外窗（包括透光幕墙）透明部分的比例不应低于 25％。

6. 建筑设计宜对主要使用空间的夏季遮阳和冬季阳光利用进行综合分析，并宜根据具体情况选用下列措施：

（1）东、西向外窗设置可调节外遮阳或可调节中置遮阳；

（2）南向外窗设置固定水平外遮阳、可调节外遮阳或可调节中置遮阳。

7. 建筑采光设计应符合下列规定：

1）公共建筑内区采光系数满足采光要求的面积比例宜达到 60％。

2）大底盘地下室应结合使用功能及景观设计设置天然采光设施。

3）公共建筑地下空间平均采光系数不小于 0.5％ 的面积与地下室首层面积的比例宜达到 10％ 以上。

4）采光不足的建筑室内和地下空间宜结合场地、环境和建设条件，采取下列措施改善室内光环境：

（1）利用采光井、采光天窗、下沉广场、半地下室等设计措施；

（2）采用反光板、散光板、集光导光设备等技术措施。

8. 人员长期停留房间的内表面可见光反射比宜符合表 1-9 的规定。

表 1-9　人员长期停留房间的内表面可见光反射比

房间内表面位置	可见光反射比
顶棚	0.7～0.9
墙面	0.5～0.8
地面	0.3～0.5

9. 公共建筑在过渡季典型工况下主要功能房间平均自然通风换气次数不少于 2 次/h 的数量比例不宜小于 90％。

10. 外窗的开启面积应满足现行国家和地方相关标准和规范的要求，且应符合下列规定：

（1）公共建筑外窗设计应综合考虑自然通风和天然采光的要求，18 层以下可开启面积不应小于外窗面积的 35％；

（2）透光幕墙可开启面积比例不应小于透光幕墙面积的 10％。

11. 建筑内部宜采用下列措施加强自然通风：

（1）采用导风墙、捕风窗、拔风井、太阳能拔风道、无动力风帽等诱导气流的措施；

（2）设置有中庭时，宜在其上部设置可开启窗；

（3）当室外环境不利时，可设置通风器，有组织地引导自然通风。采用通风器时，应有方便灵活的开关调节装置，应易于操作和维修，宜有过滤和隔声措施。

12. 地下空间的自然通风设计宜采用下列措施加强：

（1）设置可直接通风的半地下室；

（2）设置可直接通风的下沉式庭院（广场）；

（3）设置通风井、窗井。

13. 建筑室内的允许噪声级、围护结构的空气声隔声量及楼板撞击声隔声量应满足下列要求：

1）住宅建筑应满足下列要求：

（1）主要功能房间室内噪声级达到现行国家标准《民用建筑隔声设计规范》（GB 50118）中的高要求标准限值；

（2）构件和相邻房间之间的空气声隔声性能达到现行国家标准《民用建筑隔声设计规范》（GB 50118）中的高要求标准限值；

（3）楼板的撞击声隔声性能达到现行国家标准《民用建筑隔声设计规范》（GB 50118）中的高要求标准限值。

2）公共建筑及其他居住建筑应满足下列要求：

（1）主要功能房间室内噪声级达到现行国家标准《民用建筑隔声设计规范》（GB 50118）中的高要求标准限值；

（2）构件和相邻房间之间的空气声隔声性能达到现行国家标准《民用建筑隔声设计规范》（GB 50118）中的低限标准限值和高要求标准限值的平均值。

14. 建筑采用轻型屋盖时，屋面应采用铺设阻尼材料、设置吊顶等措施防止雨噪声。

15. 建筑设计应遵循模数协调统一的设计原则。住宅、旅馆等建筑宜进行标准化设计，包括平面空间、建筑构件、建筑部品的标准化设计。

16. 建筑的所有部位应进行土建与装修一体化设计。

17. 建筑设计应采用装配式建筑和装配化装修。建筑装修设计应至少选用 3 种新型建筑工业化内装部品，其占同类部品用量比例达到 50%。

18. 公共建筑室内分隔应能兼顾空间使用功能的可变性，可变换功能的室内空间宜采用不低于 30% 的可重复使用的隔断（墙）。

1.4 结构设计与建筑材料

1.4.1 基本要求

1. 结构设计应在做到安全适用、经济合理、施工便捷的基础上，优先采用资源消耗少、环境影响小以及便于材料循环再利用的建筑结构体系。

2. 选择建设场地时，应满足现行国家标准《建筑抗震设计规范》（GB 50011）的相关要求。

3. 建筑结构应满足承载力、变形和建筑使用功能的要求，结构构件的耐久性应满足相应设计使用年限的要求。

4. 滨海建筑应充分考虑结构的耐久性，采取专门的提高结构耐久性和防腐蚀的措施。

5. 结构方案应满足抗震概念设计的要求，不应采用严重不规则的结构方案，对于特别不规则的结构应合理确定抗震性能目标。

6. 结构设计应进行下列优化设计：

（1）结构体系优化设计；

（2）地基基础优化设计；

（3）结构布置及构件截面优化设计；

（4）结构材料与构件优化设计。

7. 非结构构件与建筑结构应牢固连接，并能适应主体结构变形。

8. 选择建筑材料时应遵循下列原则：

（1）严禁采用国家和地方明令禁止使用或淘汰的材料和产品；

（2）500km 以内生产的建筑材料质量占建筑材料总质量的比例应大于 60％；

（3）现浇混凝土应采用预拌混凝土，建筑砂浆应采用预拌砂浆；

（4）混凝土结构中梁、柱、剪力墙等构件的受力普通钢筋应采用不低于 400MPa 级的热轧带肋钢筋。

1.4.2　一星级设计要求

1.4.2.1　结构设计

1. 结构体系应进行优化设计，并符合下列要求：

（1）应根据受力特点选择材料用量较少的结构体系；

（2）不宜采用因建筑形体不规则而形成的超限结构；

（3）在高层和大跨度结构中，宜优先采用钢结构、钢与混凝土混合结构、预应力结构等结构体系；

（4）宜采用符合工业化建造要求的结构体系与建筑构件；

（5）宜采用基于性能的抗震设计并合理提高建筑的抗震性能。

2. 地基基础应进行优化设计，并满足下列要求：

（1）地基基础设计应结合建筑所在地实际情况、上部结构特点及使用要求，综合考虑施工条件、场地环境和工程造价等因素，优先采用环境影响小、质量有保证、施工可实现、节约材料的基础形式；

（2）高层建筑宜考虑地基基础与上部结构的共同作用，进行协同设计；

（3）桩基础沉降控制时，宜考虑承台、桩与土的协同作用；

（4）筏板基础宜根据桩、土协同计算结果进行优化设计；

（5）场地土条件及周边环境合适时，桩基宜优先采用预制桩，钻孔灌注桩宜通过采用后注浆技术提高桩基承载力；

（6）宜通过先期试桩确定单桩承载力特征值；

（7）对于抗压设计为主的基础，当建筑设置地下室时宜合理考虑地下水的有利作用。

3. 结构布置及构件截面应进行优化设计，并应符合下列要求：

（1）高层结构的竖向构件和大跨度结构的水平构件应进行截面优化设计；

（2）大跨度混凝土楼盖结构宜合理采用预应力楼盖及现浇混凝土空心楼板等技术；

（3）由强度控制的钢结构构件优先选用高强钢材，由刚度控制的钢结构优先调整构件布置和构件截面；

（4）采用钢结构楼盖时，宜合理采用组合梁设计；

（5）建筑结构与建筑设备管线宜分离布置。

4. 应合理选用建筑结构材料与构件，并符合下列规定：

（1）钢筋混凝土结构或混合结构中混凝土部分，400MPa 级及以上受力普通钢筋占受力普通钢筋总量的比例不应小于 85%；

（2）钢结构或高层混合结构中钢结构部分，Q355 及以上高强钢材用量占钢材总量的比例不应小于 50%；

（3）100 米以上高层钢筋混凝土结构中竖向承重结构采用强度等级不小于 C50 混凝土用量占竖向承重结构中混凝土总量的比例不宜小于 50%；

（4）钢结构现场连接、拼接节点宜采用螺栓连接等非现场焊接的节点形式；

（5）钢结构施工时宜采用免支撑的楼层面板。

1.4.2.2 建筑材料

1. 在保证性能情况下，设计优先选用下列建筑材料：

（1）可再循环材料、可再利用建筑材料。可再循环材料、可再利用建筑材料的用量比例在住宅建筑中不应低于 6%，公共建筑中不应低于 10%。

（2）以各种废弃物为原料生产的建筑材料。只采用一种利废建材时，其占同类建材的用量比例不宜低于 50%；选用两种及以上的利废建材时，每一种占同类建材的用量比例均不宜低于 30%。

（3）速生的建筑材料及其制品。

（4）耐久性好、易维护的装饰装修建筑材料。

（5）宜选用绿色建材。

2. 在保证经济性的情况下，设计优先选用下列功能性建筑材料：

（1）具有保健功能和改善室内空气环境的建筑材料；

（2）能防潮、能阻止细菌等生物污染的建筑材料；

（3）减少建筑能耗和改善室内热环境的建筑材料；

（4）具有自洁功能的建筑材料。

3. 在保证安全及使用功能的情况下，设计优先选用下列轻质建筑材料：

（1）轻集料混凝土等轻质建筑材料；

（2）轻钢以及金属幕墙等轻量化建筑材料。

1.4.3　二星级设计要求

1. 人工填土宜就近选用经处理的工业废渣、无机建筑垃圾及素填土，并符合相关规范的要求。

2. 优先采用无须外加装饰层的建筑材料。

3. 优先采用本地的建筑材料。施工现场 500km 以内生产的建筑材料质量占建筑材料总质量的比例不应低于 70%。

1.4.4　三星级设计要求

1. 宜合理提高建筑结构材料的耐久性，并符合下列规定：

（1）宜按 100 年进行耐久性设计；

（2）对于混凝土构件，宜提高钢筋保护层厚度或采用高耐久混凝土；

（3）对于钢构件，宜采用耐候结构钢或耐候型防腐涂料；

（4）对于木构件，宜采用防腐木材、耐久木材或耐久木制品。

2. 住宅建筑应按装配式建筑设计，评价指标按《装配式建筑评价标准》（DB33/T 1165）执行。

3. 钢结构或高层混合结构中钢结构部分，Q355 及以上高强钢材用量占钢材总量的比例不应小于 70%。

4. 优先采用本地的建筑材料。施工现场 500km 以内生产的建筑材料质量占建筑材料总质量的比例不应低于 90%。

5. 优先采用可再循环材料、可再利用建筑材料。可再循环材料、可再利用建筑材料的用量比例在住宅建筑中不宜低于 10%，公共建筑中不宜低于 15%。

6. 绿色建材的应用比例对住宅建筑不应低于 30%，对公共建筑不应低于 50%。

1.5　给水排水设计

1.5.1　基本要求

1. 给水排水设计应制定水资源综合利用方案，统筹利用各种水资源，并在满足现行国家和地方标准的基础上符合下列规定：

（1）用水器具和设备应满足节水节能型产品的要求；

（2）非亲水性的室外景观水体用水水源不得采用市政自来水和地下井水；

（3）作为项目配套的游泳池、游乐池、水上乐园、洗车场、集中空调用冷却水等用水系统应采取循环处理措施减少耗水量；

（4）非传统水源利用设施应与建筑物同时规划设计、同时施工、同时使用。

2. 给水排水系统的设置应合理、完善、安全，并应符合下列规定：

（1）给水排水系统的设计应符合国家、地方现行有关规范、标准的要求；

（2）生活给水系统的水质应符合国家、地方和行业现行标准的要求；

（3）生活给水系统应充分利用市政供水压力，且给水水压应稳定、可靠；

（4）管材、管道附件及设备等供水设施的选取和运行不应对生活饮用水供水造成二次污染；

（5）应设置完善的污水收集、处理和排放等设施；

（6）构造内无存水弯的卫生器具或无水封的地漏及其他设备或排水沟的排水口，与生活污水管道或其他可能产生有害气体的排水管道连接时，必须在排水口以下设存水弯；

（7）应使用构造内自带水封的便器，且其水封深度不应小于 50mm；

（8）水封装置的水封深度不得小于 50mm，严禁采用活动机械活瓣替代水封，严禁采用钟式结构地漏；

（9）雨水控制与利用工程应根据项目的具体情况、当地的水资源状况和经济发展水平，合理采用渗、滞、蓄、净、用、排等技术措施。

3. 居住建筑和设有集中生活热水系统的公共建筑，应优先采用余热、废热或可再生能源作为热源的热水系统，并合理配置辅助热源。

4. 采用非传统水源时，其供水系统必须采取下列安全措施：

（1）不得对人体健康及周围环境产生不良影响；

（2）非传统水源管道严禁与饮用水管道系统、自备水源供水系统连接；

（3）非传统水源管道和设备应设置明确、清晰的永久性标识，防止误接、误用、误饮；

（4）采用再生水的绿化供水管网不得使用易于产生水雾的喷头。

5. 采用二次加压供水时，生活饮用水水池、水箱等储水设施应采取下列措施满足卫生要求：

（1）应采用符合国家现行有关标准要求的成品水箱；

（2）应采取保证储水不变质的措施；

（3）应制订水池、水箱等储水设施定期清洗消毒计划，且生活饮用水储水设施每半年清洗消毒不应少于 1 次。

1.5.2 一星级设计要求

1.5.2.1 供水系统

1. 直饮水、集中生活热水、游泳池水、采暖空调系统用水、景观用水等的水质应满足国家现行有关标准。

2. 给水和热水平均日用水定额、水温应按现行国家标准《民用建筑节水设计标准》（GB 50555）确定。

3. 供水系统应节水、节能，并应采取下列措施：

（1）当需二次加压供水时，应根据卫生安全、经济节能的原则选用供水方式。合理配置给水设施，水泵选用应符合节能的要求，水泵运行工作点应在其高效区内。多层、高层建筑的给水、中水、热水系统应合理确定竖向分区，各分区静水压力不宜大于0.45MPa；当设有集中热水系统时，各分区静水压力不宜大于0.55MPa。

（2）二次供水系统应根据项目的具体条件选型，可优先采用管网叠压供水、水箱水泵供水、变频供水等节能的供水技术。

（3）生活给水系统应采取减压限流的节水措施，用水点处供水压力不宜大于0.20MPa，并应满足卫生器具工作压力的要求。

4. 生活热水系统应合理设置，并应符合下列规定：

（1）集中生活热水系统应设置供水循环，热水配水点保证出水温度不低于45℃的时间，居住建筑不应大于15s，公共建筑不应大于10s，医院、疗养所等建筑的水加热设备出水温度低于60℃或其他建筑水加热设备出水温度低于55℃时，应设灭菌消毒设施；

（2）居住建筑生活热水系统热水表后或户内热水器不循环的热水供水支管长度不宜超过8m；

（3）淋浴器宜设置恒温混水阀，公共浴室淋浴等集中热水供应系统应采取节水措施。

5. 集中热水供应系统应有保证用水点处冷、热水供水压力平衡的措施，最不利用水点处冷、热水供水压力差不宜大于0.02MPa，并符合下列规定：

（1）冷水、热水供应系统应分区一致；

（2）当冷、热水系统分区一致有困难时，宜采用配水支管设可调式减压阀减压等措施，保证系统冷、热水压力的平衡；

（3）在用水点处宜设带调整压差功能的混合器、混合阀。

6. 热水设备、热水系统供回水管道应有完善的保温隔热措施，并宜选用保温效果好的节能环保材料。

7. 当设有下列用水时，应采取水循环使用或回收利用的节水措施，并符合下列规定：

（1）空调冷却水应采用循环冷却水节水技术；

（2）游泳池、水上娱乐池（儿童池除外）等应采用循环给水系统，排出废水宜回收利用。

8. 所有给水排水管道、设备、设施应设置明确、清晰的永久性标识，并应符合下列规定：

（1）应在管井、地下室、检查井等明露管道、检修节点设置管道标识，标识系统由名称、流向等组成；

（2）设置的标识字体、大小、颜色应方便辨识，且标识的材质应符合耐久性要求。

1.5.2.2 节水措施

1. 给水系统应采取下列避免管网漏损的措施：

（1）应采用耐腐蚀、抗老化、耐久性好的管材、管件，管材和管件及连接方式的工作压力不得大于国家现行标准中公称压力或标称的允许工作压力，管件宜配套提供；

（2）应选用密闭性能好的高性能的阀门；

（3）应设计合理，避免供水压力过高或压力骤变；

（4）应设置水池、水箱溢流报警装置，并宜与进水阀门自动联动关闭；

（5）室外埋地管道应选择适宜的管道敷设及基础处理方式。

2. 全部卫生器具的用水效率等级不应低于3级。

3. 用水计量设置应符合下列规定：

（1）按使用用途、付费或管理单元，对不同用户的用水分别设置用水计量装置；

（2）根据水量平衡测试及管网漏损检测要求安装分级计量系统。

4. 循环冷却水系统应采取设置水处理措施、加大集水盘、设置平衡管或平衡水箱等方式，避免冷却水泵停泵时冷却水溢出。

1.5.2.3 非传统水源利用

建设用地内控制径流峰值所对应的径流系数及年径流总量控制率等应符合当地海绵城市规划控制指标要求。当无相关指标要求时，应满足下列规定：

（1）新建项目用地年径流总量控制率不应小于75%，雨水综合雨量径流系数不宜大于0.6；

（2）改扩建项目用地年径流总量控制率不应小于55%，雨水综合雨量径流系数不宜大于0.7；

（3）建设用地的外排雨水径流峰值不应大于市政管网的接纳能力。

1.5.3 二星级设计要求

1. 绿化灌溉应采用喷灌、滴灌、微灌等高效节水灌溉方式。

2. 全部卫生器具的用水效率等级不应低于2级。

3. 非传统水源宜优先采用雨水、市政再生水等，并应满足下列规定：

（1）绿化灌溉、车库及道路冲洗、洗车用水采用非传统水源的用水量占其总用水量的比例不低于40%；

（2）当设有市政中水管网时，冲厕采用非传统水源的用水量占其总用水量的比例不低于30%；

（3）当设有市政中水管网时，冷却水补水采用非传统水源的用水量占其总用水量的比例不低于20%。

4. 景观水体应根据非传统水源的情况合理规划水景规模，并结合水景设计采取下列水质安全保障措施：

（1）场地条件允许时，宜采取湿地工艺进行景观用水的预处理和景观水的循环净化；

（2）景观水体内宜采用机械设施，加强水体的水力循环，增强水面扰动，破坏藻类的生长环境；

（3）景观水体宜采用生物措施消除富营养化及水体腐败的潜在因素；

（4）当非传统水源无法满足景观水体全年补水量要求时，应考虑景观水体的旱季观赏功能。

5. 雨水调蓄、处理及利用应经水量平衡计算和技术经济分析，合理确定方案，并满足下列规定：

（1）雨水收集利用系统应设置雨水初期弃流装置和雨水调节池，收集、处理及利用系统可与景观水体设计相结合；

（2）处理后的雨水宜用于景观、绿化灌溉、道路及车库冲洗、消防、空调及冷却水补水等用水，水质应达到相应用途的水质标准。

6. 绿色雨水基础设施应结合本地降雨特性合理设置。雨水入渗措施应结合总图景观设计，合理确定雨水入渗范围；雨水生物滞留设施应充分利用绿地、水体或场地空间合理确定形式和规模。

7. 使用非传统水源必须采取下列用水安全保障措施，且不得对人体健康与周围环境产生不良影响：

（1）雨水、中水等非传统水源在储存、输配等过程中要有足够的消毒杀菌能力，且水质不被污染；

（2）供水系统应设有备用水源、溢流装置及相关切换设施等；

（3）雨水、中水等在处理、储存、输配等环节中应采取安全防护和监测、检测控制措施；

（4）采用海水冲厕时，应对管材和设备进行防腐处理，污水应处理达标后排放。

8. 居住建筑可利用房间空调器排水管收集凝结水和融霜水并入雨水收集系统。公共建筑可根据空调系统的类型收集凝结水并入雨水收集系统。

9. 建筑部品部件应采取提升耐久性的措施，活动配件选用长寿命产品，并考虑部品组合的同寿命性；不同使用寿命的部品组合时，应采用便于分别拆换、更新和升级的构造。

10. 车库和道路冲洗应采用节水高压水枪。

11. 景观水体宜结合雨水综合利用设施营造，室外景观水体利用雨水的补水量应大于其水体蒸发量的 60%，且应采用保障水体水质的生态水处理技术。

1.5.4 三星级设计要求

1. 绿化灌溉在采用节水灌溉系统的基础上，应设置土壤湿度感应器、雨天自动关闭装置等节水控制措施，或种植无须永久灌溉植物。

2. 50% 以上卫生器具的用水效率等级应达到 1 级，且其余卫生器具的用水效率等级应不低于 2 级。

3. 非传统水源宜优先采用雨水、市政中水等，并应满足下列要求：

（1）绿化灌溉、车库及道路冲洗、洗车用水采用非传统水源的用水量占其总用水量的比例不低于 60%；

（2）当设有市政中水管网时，冲厕采用非传统水源的用水量占其总用水量的比例不低于 50%；

（3）当设有市政中水管网时，冷却水补水采用非传统水源的用水量占其总用水量的比例不低于 40%。

4. 建筑中各供水系统均应设置用水远传计量系统及水质在线监测系统。二次供水、消防供水等应设置智慧互联及远程监测、监控等功能。

1.6 暖通空调设计

1.6.1 基本要求

1. 暖通空调设计应满足国家和浙江省现行规范与标准的强制性条文要求。

2. 供暖空调室内设计参数应符合下列规定：

（1）采用集中供暖空调系统的建筑，房间内的温度、湿度、新风量等设计参数应符合现行国家标准《民用建筑供暖通风与空气调节设计规范》（GB 50736），现行地方标准《公共建筑节能设计标准》（DB 33/1036）、《居住建筑节能设计标准》（DB 33/1015）和卫生防疫的相关规定；

（2）房间的设计温度应能根据建筑空间功能分区设置，室内过渡区空间的温度设计标准应合理降低。

3. 供暖、空调区域应根据房间的朝向及内部功能合理划分，并对系统进行分区控制。

4. 除功能相同、使用时间与运行方式、业态归属一致的房间，各房间应采取可独立调节分室控制的供暖空调末端装置。

5. 供暖空调冷热源、输配系统能效应符合现行国家标准《建筑节能与可再生能源利用通用规范》（GB 55015）、《公共建筑节能设计标准》（GB 50189），现行行业标准《夏热冬冷地区居住建筑节能设计标准》（JGJ 134）和现行浙江省标准《公共建筑节能设计标准》（DB33/ 1036）、《居住建筑节能设计标准》（DB33/ 1015）的规定；对于上述标准未明确的空调冷、热源机组，能效不应低于国家现行有关标准 2 级能效的要求。

6. 房间空调器室外机及风冷多联式空调室外机安装位置应符合下列的要求：

（1）在建筑平面设计和立面设计中，均应考虑室外机的合理位置，既不应影响立面景观，又应利于与室外空气的热交换；

（2）便于清洗和维护室外散热器；

（3）宜安装在南、北或东南、西南向的外墙上；

（4）应避免室外换热器进、出气流短路；

（5）应避免多台室外机吹出气流相互干扰；

（6）多层或高层建筑的室外机安装最小距离要求应按表 1-10、表 1-11 执行。

表 1-10　空调室外机安装最小距离

尺寸	最小值（m）	备注
A	2.0	建筑凹口宽度
B	0.5	室外机间隔间距
C	2.0	室外机垂直间距
D	0.5	室外机与墙间距
G	宜按表 1-11 执行	室外机平行间距

表 1-11　安装在凹槽的空调室外机面对布置时最小的散热间距

凹入处的深度 H（m）	楼层 S	最小宽度 G（m）	
		每层 2 台空调室外机面对布置	每层 4 台空调室外机面对布置
H≤6m	S≤4	4.0	6.0
	4＜S≤12	4.5	不可取
	12＜S≤24	5.0	不可取
	S＞24	6.0	不可取

7. 气流组织应合理，避免吸烟室、复印室、打印室、垃圾间、清洁间、公共卫生间、地下车库等产生的异味或污染物影响人员活动区域。住宅厨房及卫生间的排气道的设计应符合相关国家标准，并采取防倒灌的措施。

8. 新建建筑的污染排放应满足下列要求：

1）新建锅炉大气污染物排放浓度应满足表 1-12 的要求。

表 1-12　新建锅炉大气污染物排放浓度限值

污染物项目	限值
颗粒物（mg/m³）	5
二氧化硫（mg/m³）	10
氮氧化物（mg/m³）	30
汞及其化合物（μg/m³）	0.5
烟气黑毒（林格曼黑度，级）	1

2）新建餐饮业油烟排放应满足下列要求：

（1）所在建筑物高度在 15m（含 15m）以下的，油烟排气筒应高于建筑物最高点并不得直接朝向居民住宅等敏感点；所在建筑物高度在 15m 以上的，油烟排气筒排放口高度应大于 15m；

（2）经油烟净化后的油烟排放口与周边环境敏感目标距离不应小于 20m，经油烟净化和除异味处理后的排放口与周边环境敏感目标距离不应小于 10m。餐饮业油烟净化设备的去除效率不应小于 85%，油烟的最高允许排放浓度应按表 1-13 执行。

表 1-13　餐饮业油烟的最高允许排放浓度

污染物项目	排放限值	污染物排放监控位置
餐饮油烟（mg/m³）	1.0	排风管或排气筒

3）垃圾房、隔油池等有异味或污染物产生的房间排风应净化处理后排放。

9. 地下车库应设置与排风设备联动的一氧化碳浓度监测装置。

10. 集中供暖通风与空气调节系统应进行室内设备的监测与控制。

1.6.2　一星级设计要求

1.6.2.1　冷源与热源

1. 空调制冷系统所用制冷剂应在安全的基础上选用环境友好的制冷剂。在过渡时期选用过渡制冷剂时，应符合我国制冷剂淘汰期限的规定。

2. 全年运行中存在供冷和供热需求的多联式空调系统应采用热泵式机组。在建筑中同时有供冷和供热要求的，当其冷、热需求基本匹配时，宜合并为同一系统并采用热回收型多联式空调机组。

3. 条件许可时，燃气锅炉宜充分利用冷凝热，采用冷凝热回收装置或冷凝式炉型，并宜选用配置比例调节燃烧的炉型。

4. 民用建筑或建筑所在地具有可供利用的废热或工业余热时，不宜采用空气源热泵或土壤源热泵系统。空气源热泵或土壤源热泵系统选用时，应满足下列条件：

（1）当冷热负荷相差较大时，空气源热泵应以热负荷选型，不足冷量可由冷水机组提供；当建筑全年通过土壤源热泵系统散热量与取热量相差较大时，土壤源侧应以取热选型设计，散热不足部分可由冷却塔调峰错时使用实现；

（2）空气源热泵机组应具有可靠的融霜控制，融霜时间总和不应超过运行时间的 20%；

（3）对于同时供冷、供暖的建筑，宜选用热回收式热泵机组。

5. 蒸汽供热系统的凝结水应回收利用，但加热油槽和有强腐蚀性物质的凝结水不应回收利用，加热有毒物质的凝结水严禁回收利用，并均应在处理达标后排放。

1.6.2.2　水系统

1. 供暖空调冷、热水系统的设计应符合下列规定：

（1）除采用蓄冷蓄热水池供冷供热和空气处理需喷水处理方式等情况外，空调冷热水均应采用闭式循环水系统；

（2）只要求按季节进行供冷和供热转换的空气调节系统，应采用两管制水系统；

（3）当建筑物内部分空气调节区需全年供冷水，部分空气调节区冷、热水定期交替供应时，宜采用分区两管制水系统；

（4）全年运行过程中，供冷和供热工况频繁交替转换或需同时使用的空气调节系统，宜采用四管制水系统；

（5）循环冷却水系统及空调冷、热水系统应设置水处理设施；

（6）空气调节水系统的定压和膨胀，宜采用高位膨胀水箱方式。

2. 除空调冷水系统和空调热水系统的设计流量、管网阻力特性及水泵工作特性相近的情况，两管制空调水系统应分别设置冷水和热水循环泵。

3. 供暖空调冷、热水水温和供回水温差要求一致且各区域管路压力损失相差不大的中小型工程，应采用变流量一级泵系统；当单台水泵功率大于 30kW 时，空调冷热水应采用冷热水机组和负荷侧均变流量的一级泵系统，且一级泵应采用变速变流量调节方式，冷热水一级泵变速变流量应确保设备的适应性、控制方案和运行管理可靠。

4. 供暖空调冷、热水系统作用半径较大、设计水流阻力较高的大型工程，空调冷、热水宜采用变流量二级泵系统。当各环路的设计水温一致且设计水流阻力接近时，二级泵宜集中设置；当各环路的设计水流阻力相差较大或各系统水温或温差要求不同时，宜按区域或系统分别设置二级泵。二级泵应采用变速变流量调节方式。

5. 采用换热器加热或冷却的二次空调水系统的循环水泵应采用变速变流量调节方式。

6. 在过渡工况与冬季供冷工况时，对于不能利用全新风供冷的空调系统，宜利用冷却塔、地表水等提供空气调节的冷水。

7. 供暖设计应符合下列规定：

（1）集中供暖系统应采用热水作为热媒；

（2）连续使用的居住空间和公共建筑中的高大空间宜采用地板辐射供暖；

（3）间歇使用的民用建筑宜采用散热器采暖，散热器应采用明装散热器。

1.6.2.3 风系统

1. 通风空调系统风机的单位风量耗功率应比现行国家标准《公共建筑节能设计标准》（GB 50189）的规定低 20%。

2. 对设置集中通风空调系统的公共建筑，在人员密度较高、流量集中且随时间变化较大的空间，设置全空气系统或者单一空间设置独立的新风系统，应设置 CO_2 浓度检测装置，并联动控制空调通风系统。

3. 舒适性空调的全空气系统，应具备最大限度利用室外新风作冷源的条件。新风入口、过滤器等应按最大总新风比不低于 70% 设计，新风比应可调节以满足增大新风量运行的要求。排风系统的设计和运行应与新风量的变化相适应。

4. 新风取风口距离室外吸烟区直线距离不应小于 8m。

5. 建筑的吊顶上部存在较大发热量，或者吊顶空间的高度大于房间高度的 1/3 时，房间空调系统不应采用吊顶回风的形式。

6. 在公共建筑中，设有集中排风的空调系统经技术经济比较合理时，宜设空气-空气能量回收装置。对于集中空调系统的空气-空气能量回收装置，热交换效率不得低于 60%；对于分散空调房间的带热回收功能的双向换气装置，热交换效率不得低于 55%。

7. 设置 CO_2 浓度检测装置的单一空间的独立新风系统及相应排风系统，以及电机功率不小于 3kW 的全空气空调系统，风机应采用变频调速技术，且应采取相应的水力平衡措施。

8. 机电设备用房、厨房热加工间等发热量较大的房间的通风设计应满足下列要求：

（1）在保证设备正常工作前提下，宜采用通风消除室内余热。

机电设备用房夏季室内计算温度取值不宜低于夏季通风室外计算温度。

（2）厨房热加工间宜采用补风式油烟排气罩。采用直流式空调送风的区域，夏季室内计算温度取值不宜低于夏季通风室外计算温度。

1.6.2.4 监测、控制与计量

1. 设有三台及三台以上机组的空调冷热源中心宜设置机组群控系统；当采用群控方式时，控制系统应能根据负荷变化、系统特性来进行优化运行控制。

2. 空调冷、热源系统的控制应满足下列基本要求：

（1）应能进行冷水机组的台数控制，宜采用冷量优化控制方式；

（2）应能进行冷水（热泵）机组或热交换器、水泵、阀门等设备的顺序启停和连锁控制；

（3）应能对供、回水温度及压差进行控制或监测，二级泵应能进行自动变频调速控制；

（4）应对设备运行状态进行监测及故障报警。

3. 空调冷却水系统应满足下列基本控制要求：

（1）冷水机组运行时，应能进行冷却水最低回水温度的控制；

（2）冷却塔的风机应能进行运行台数控制或风机调速控制；

（3）采用冷却塔供应空调冷水时，应能进行供水温度控制；

（4）应能进行冷却塔的自动排污控制。

4. 空调风系统应满足下列基本控制要求：

（1）应能进行空气温、湿度的监测和控制；

（2）应能进行风机、风阀的启停连锁控制；

（3）当采用变风量系统时，风机应采用变速控制方式；

（4）当利用室外免费冷源来进行变新风运行时，应通过室内外焓值比较来确定采用全新风运行或者最小新风运行；

（5）应能进行设备运行状态的监测及故障报警；

（6）应能进行过滤器超压报警或显示。

5. 当空调系统采用间歇运行时，应设独立启停控制装置。

6. 对末端变水量系统中的风机盘管，应采用电动温控阀和风速相结合的控制方式。

1.6.3 二星级设计要求

1. 民用建筑供暖空调系统的冷、热源机组能效均应优于现行国家标准《建筑节能与可再生能源利用通用规范》（GB 55015）的规定以及国家现行有关标准能效限定值的要求。

（1）对电机驱动的蒸气压缩循环冷水（热泵）机组，直燃型溴化锂吸收式冷（温）水机组，名义制冷量大于 7100W 的单元式空气调节机、风管送风式和屋顶式空调机组，多联式空调（热泵）机组，燃油和燃气锅炉，其名义制冷工况和规定条件下能效指标比现行国家标准《建筑节能与可再生能源利用通用规范》（GB 55015）规定值的提高幅度应满足表 1-14 的要求且不应低于国家现行有关标准 2 级能效的要求；

表 1-14　二星级设计冷热源机组能效指标比现行国家标准
《建筑节能与可再生能源利用通用规范》（GB 55015）提高幅度

机组类型	能效指标	提高幅度
电机驱动的蒸气压缩循环冷水（热泵）机组	制冷性能系数（COP）	提高 6%
直燃型溴化锂吸收式冷（温）水机组	制冷、供热性能系数（COP）	提高 6%
单元式空气调节机、风管送风式和屋顶式空调机组	制冷季节能效比 SEER、全年性能系数 APF、综合部分负荷性能系数 IPLV	提高 6%
多联式空调（热泵）机组	全年性能系数 APF、制冷综合部分性能系数 IPLV（C）	提高 8%
燃油燃气锅炉	热效率	提高 2 个百分点

（2）现行国家标准《建筑节能与可再生能源利用通用规范》（GB 55015）未明确的空调冷、热源机组能效不应低于国家现行有关标准 2 级能效的要求。

2. 采用集中空调系统，有稳定热水需求的公共建筑，宜采用冷凝热回收型冷水机组，或在空调制冷工况时采用空调冷却水对生活热水的补水进行预热。

3. 当公共建筑内区较大，冬季内区有稳定和足够的余热量，或者建筑存在稳定的工艺散热量，通过技术经济比较合理时，宜采用水环热泵空调系统。

4. 室内游泳池空调应采用全空气空调系统，并应具备全新风运行功能。冬季排风应采取热回收措施。游泳池冷却除湿设备的冷凝热宜回收用于加热空气或池水。

5. 集中空调的冷热水系统循环水泵耗电输冷（热）比应通过详细的水力计算，确定合理的空调冷（热）水循环泵的流量和扬程，并选择水泵的设计运行工作点处于高效区。空调冷（热）水系统的耗电输冷（热）比 EC（H）R-a 应符合式（1-1）的要求：

$$EC（H）R\text{-}a = 0.003096\sum（G \times H/\eta）/\sum Q \leqslant 0.8A（B + \alpha\sum L）/\Delta T \quad （1\text{-}1）$$

式中　EC（H）R－a——空调冷（热）水系统循环水泵的耗电输冷（热）比；

　　　G——每台运行水泵的设计流量（m^3/h）；

　　　H——每台运行水泵对应的设计扬程（mH_2O）；

　　　η——每台运行水泵对应的设计工作点效率；

　　　Q——设计冷（热）负荷（kW）；

　　　ΔT——规定的计算供回水温差（℃），

　　　A——与水泵流量有关的计算系数，

　　　B——与机房及用户的水阻力有关的计算系数，

　　　α——与$\sum L$有关的计算系数，

　　　$\sum L$——从冷热机房出口至该系统最远用户供回水管道的总输送长度（m）。

6. 空调系统的新风和回风应设置净化设施或初效加中效过滤的方式。

7. 空调冷、热源系统的控制应满足下列基本要求：

（1）应能根据末端需求进行水泵台数和转速的控制；

（2）宜能根据室外气象参数和末端需求进行供水温度的优化；

（3）宜能累计运行时间进行设备的轮换使用。

8. 全空气空调系统宜满足下列基本控制要求：

（1）宜能根据室外气象参数优化调节室内温度设定值；

（2）全新风系统送风末端宜采用设置人离延时关闭控制方式。

9. 对于人员停留的主要功能房间，应设置包含 CO_2、PM2.5 及 PM10 的测量功能的室内空气质量监测系统，并具备定时连续测量、显示、记录和数据传输功能，监测系统对污染物的采样周期不应大于 10min。

1.6.4　三星级设计要求

1. 民用建筑供暖空调系统的冷、热源机组能效均应优于现行国家标准《建筑节能与可再生能源利用通用规范》（GB 55015）的规定以及国家现行有关标准能效限定值的要求。

（1）对电机驱动的蒸气压缩循环冷水（热泵）机组，直燃型溴化锂吸收式冷（温）水机组，名义制冷量大于 7100W 的单元式空气调节机、风管送风式和屋顶式空调机组，多联式空调（热泵）机组，燃油和燃气锅炉，其名义制冷工况和规定条件下能效指标比现行国家标准《建筑节能与可再生能源利用通用规范》（GB 55015）规定值的提高幅度应满足表 1-15 的要求且不应低于国家现行有关标准 1 级能效的要求；

表 1-15　三星级设计冷热源机组能效指标比现行国家标准

《建筑节能与可再生能源利用通用规范》（GB 55015）提高幅度

机组类型	能效指标	提高幅度
电机驱动的蒸气压缩循环冷水（热泵）机组	制冷性能系数（COP）	提高 12％
直燃型溴化锂吸收式冷水机组	制冷、供热性能系数（COP）	提高 12％
单元式空气调节机、风管送风式和屋顶式空调机组	制冷季节能效比 SEER、全年性能系数 APF、综合部分负荷性能系数 IPLV	提高 12％
多联式空调（热泵）机组	全年性能系数 APF、制冷综合部分性能系数 IPLV（C）	提高 16％
燃油燃气锅炉	热效率	提高 4 个百分点

（2）现行国家标准《建筑节能与可再生能源利用通用规范》（GB 55015）未明确的空调冷、热源机组能效不应低于国家现行有关标准 1 级能效的要求。

2. 当采用电动蒸气压缩循环冷水（热泵）机组作为空调冷源时，宜采用磁悬浮或其他高效电动蒸气压缩循环技术。

3. 根据当地的分时电价政策和建筑物暖通空调负荷的时间分布，经过经济技术比较合理时，民用建筑宜合理采用蓄能系统供冷或供热，并应满足下列要求之一：

（1）蓄能形式冷热源设计时，蓄能装置提供的冷量不应低于设计日空调冷量的 30％；

（2）蓄能装置蓄存的冷量不应低于用于蓄冷的电驱动制冷机组在电价谷值时段全时满负荷运行所生产冷量的 80％，且均被充分利用。

4. 空调区散湿量较小且技术经济合理时，宜采用温湿度独立控制空调系统，并符合下列要求：

（1）应根据气候特点，经技术经济分析论证，确定高温冷源的制备方式和新风除湿方式；

（2）宜考虑全年对天然冷源和可再生能源的应用措施；

（3）不宜采用再热空气处理方式。

5. 设置集中空调系统且技术经济条件合理时，应优先选择地表水水源热泵和土壤源热泵等系统。

6. 天然气供应充足的地区，当建筑的电力负荷、热负荷和冷负荷能较好匹配，能充分发挥冷、热、电联产系统的能源综合利用效率且经济技术比较合理时，宜采用分布式燃气冷热电三联供系统，并宜采用由自身发电驱动、以热电联产产生的废热为低位热源的热泵系统，系统全年能源综合利用率不低于 70%。

7. 有低温冷媒可利用时，除空气相对湿度或送风量较大的空调区外，应采用低温送风空调系统。

8. 公共建筑中主要功能房间中人员密度较高且随时间变化大的区域应设置室内空气质量监控系统，实现室内污染物浓度超标实时报警，并与通风系统联动。

9. 在技术条件可靠时，应对空调冷、热源机组出水温度进行优化设定。

10. 当设置以排除房间余热为主的通风系统时，宜设置通风设备的温控装置。

11. 公共建筑中多联式空调（热泵）系统应设置集中控制系统。

1.7 建筑电气设计

1.7.1 基本要求

1. 与绿色设计相关的各项计算，方法应合理、结果应准确。

2. 变配电所应靠近负荷中心，并应合理安排线路的敷设路径，尽量减小供电线路长度；变配电设计应合理选择变压器台数、容量及变压器的节能运行方式。

3. 当用户系统的功率因数达不到电力部门的要求时，应进行无功补偿；用户系统向公用电网注入的谐波电流应满足现行国家标准《电能质量 公用电网谐波》（GB/T 14549）的要求，否则应采取谐波治理措施。

4. 电动汽车充电设施的供配电设计应符合现行地方标准《民用建筑电动汽车充电设施配置与设计规范》（DB33/ 1121）的规定。

5. 照明设计应符合下列规定：

（1）照度标准和照明质量应满足现行国家标准《建筑照明设计标准》（GB 50034）的要求；

（2）照明功率密度限值应满足现行国家标准《建筑节能与可再生能源利用通用规范》（GB 55015）的要求，及《建筑照明设计标准》（GB 50034）中现行值的要求；

（3）公共区域的照明系统应采取节能控制措施；自然采光区域的照明控制应独立于其他区域的照明控制；

（4）人员长期停留的场所应采用符合现行国家标准《灯和灯系统的光生物安全性》（GB/T 20145）规定的无危险类照明产品；

（5）照明产品的频闪应满足现行国家标准《绿色建筑评价标准》（GB/T 50378）、《建筑照明设计标准》（GB 50034）的相关要求。

6.供配电系统的设计应考虑用电管理、计量及维护的方便；公共建筑的计量系统应满足现行地方标准《公共建筑用电分项计量系统设计标准》(DB33/ 1090)的要求。

7.建筑设备管理系统应具有自动监控管理功能。

8.各类建筑应设置合理的信息网络系统。

9.当采用可再生能源发电系统时，应优先采用并网系统。

1.7.2　一星级设计要求

1.7.2.1　供配电系统

1.380V/220V系统的供电半径不宜大于250m。

2.电力变压器、电动机、交流接触器的能效水平应高于能效等级3级的要求。配电变压器宜选用[D/Yn-11]的接线组别。

3.应合理选择单相负荷的相位，使三相尽量平衡，且三相电流的不平衡度不应超过15%。三相供电的用户，照明、插座等同一类型的单相负荷不应集中于同一相上。

4.无功补偿宜在低压侧集中补偿；单相负荷较多的供配电系统，应设置适当容量的分相无功补偿。当单台或成组用电设备的功率较大、功率因数较低，且距变压器较远时，宜设就地无功补偿。

5.谐波治理应采取下列措施：

(1)用电设备的谐波电流限值满足现行国家标准《电磁兼容　限值　谐波电流发射限值（设备每相输入电流≤16A)》(GB 17625.1)的要求；

(2)在变配电所监测系统的谐波；无功补偿电容串接电抗器，防止谐波放大。

1.7.2.2　照明

1.主要功能场所的照明功率密度限值应满足现行国家标准《建筑照明设计标准》(GB 50034)中目标值的要求。

2.光源、镇流器的能效等级不应低于相应能效标准规定的能效限定值要求，有条件时宜按节能评价值或2级及以上选用。

3.灯具的效率或效能应满足现行国家标准《建筑照明设计标准》(GB 50034)的相关要求。

1.7.2.3　动力系统

1.电梯、自动扶梯、自动人行道应选用配备高效电机及先进控制技术的产品，应具有节能拖动、节能运行功能。当两台及以上电梯成组设置时，应具有群控功能。

2.集中制备饮用热水的电开水炉应有根据温度、时间控制的功能。

1.7.2.4　能耗监测

1.新建国家机关办公建筑、总建筑面积不小于10000m² 的公共建筑、总建筑面积不小于100000m² 的居住建筑，应设置建筑用能分类计量及数据采集装置。

2. 公共建筑中需单独考核用电量的功能区域、住宅、商业网点和居住建筑的公共设施等应单独计量用电量。

1.7.2.5　智能控制

1. 总建筑面积大于 20000m² 的公共建筑且采用集中空调系统时，应设置集中控制的建筑设备管理系统。

2. 各类建筑应根据需要设置合理的智能化服务系统。

1.7.3　二星级设计要求

1. 电力变压器的能效水平不应低于能效等级 2 级的要求。

2. 谐波治理应采取下列措施：

（1）功率较大、谐波严重的设备，由变电所专线供电；

（2）在变电所设置滤波器或预留滤波器的柜位。

3. 电气系统宜采用铜导体，并宜采用低烟或无烟、低毒或无毒的阻燃或不燃型线缆。

4. 步行道和非机动车道的照明标准值不应低于现行行业标准《城市道路照明设计标准》（CJJ 45）的相关要求。

5. 工作照明宜采用直接照明；功能明确的房间或场所，应按功能需要采用一般照明、分区一般照明及局部照明相结合的方式。

6. 光源、镇流器的能效等级不应低于相应能效标准规定的 2 级或节能评价值。

7. 在具有自然采光的区域，应结合自然光采用合理的人工照明布置及控制措施；当自然光达到照度要求时，应尽量避免开启人工照明。

8. 智能化服务系统应具有远程监控功能，并宜具有接入智慧城市（城区、社区）平台的功能。

1.7.4　三星级设计要求

1. 380V/220V 系统的供电半径不宜大于 150m。

2. 电力变压器的能效水平不应低于能效等级 1 级的要求。

3. 谐波治理应采取下列措施：

（1）用电设备的谐波电流限值应满足现行国家标准《电磁兼容　限值　对额定电流大于 16A 的设备在低压供电系统中产生的谐波电流的限制》（GB/Z 17625.6）的要求；

（2）谐波源较大的机房或设备宜就地采取谐波抑制措施。

4. 室内所有区域的照明功率密度限值应满足现行国家标准《建筑照明设计标准》（GB 50034）中目标值的要求。

5. 室外照明的照明标准值、照明功率密度限值宜满足现行行业标准《城市夜景照明设计规范》（JGJ/T 163）、现行地方标准《环境照明工程设计规范》（DB33/T 1055）

的要求。

6. 建筑设备管理系统宜采用大数据分析技术，分析并优化设备的运行状态和能耗。

1.8 景观设计

1.8.1 基本要求

1. 景观设计应满足场地使用功能，与场地内的建筑布局、建筑风格相协调，满足规划、消防、救护和无障碍设计的相关要求，充分考虑景观效果和绿化养护要求。

2. 景观设计应结合项目进行专项设计，综合考虑各类景观环境要素，优化场地的风环境、声环境、光环境、热环境、空气质量、视觉环境和嗅觉环境等，并提供配套设施，对设置绿化的区域进行场地光和有效辐射分析。

3. 植物品种选择时应符合下列规定：

（1）选择植物品种时，应选择对人身无害、能吸收空气中有害物质且抗污染的植物，不应选择有异味、飘絮、易引起花粉过敏等对人体造成伤害或对人体有安全隐患的植物品种；鼓励有条件的情况下选择保健型植物，植物选择可选择适合当地种植（喜阴植物、中性植物、喜阳植物）的植物。

（2）植物品种选择时，宜优先搭配提高土壤肥力的植物品种，减少施肥量，降低面源污染。

4. 绿化种植设计的配植原则和配植方式应符合下列规定：

（1）应以适地适树为原则，兼顾引种，丰富绿地系统树种的多样性；

（2）优先采用乔灌草相结合的复层绿化方式，提高绿地空间的生态价值；同时根据景观效果考虑乔灌草的比例搭配及常绿树与落叶树的比例搭配；

（3）种植区域内土层的覆土深度、土壤酸碱度和排水能力应满足植物生长需求；

（4）绿化设计宜有利于改善声环境，宜在噪声源周围根据声源类型种植枝叶茂盛的植物品种，形成植物声屏障；

（5）宜结合步道设计，设置林荫路系统；

（6）场地各功能区的植物配置可选择适合当地种植（喜阴植物、中性植物、喜阳植物）的植物。

5. 绿色建筑宜增加屋顶绿化和垂直绿化，降低建筑立面和硬质地面吸收的太阳热辐射。屋顶绿化及垂直绿化设计应根据不同形式合理配置植物，并符合下列规定：

（1）在满足植物生长条件及覆土深度的前提下应考虑屋顶绿化和墙面垂直绿化；

（2）屋顶绿化设计应充分考虑建筑的允许荷载及防水、排水的要求，种植设计不得影响建筑结构安全及屋面排水；宜种植耐旱、耐移栽、生命力强、抗风力强、外形较低矮的植物；

（3）屋顶绿化不应选择根系穿刺性强的植物；

（4）屋顶绿化面积应大于屋顶可绿化面积的30%；

（5）垂直绿化宜以地栽、容器栽植藤本植物为主，可根据不同的依附环境选择不同的植物，对建筑外墙、围栏、棚顶、车库出入口、景观小品等其他构筑物表面采用攀扶、固定、贴植、垂吊等方式进行垂直绿化。

6. 景观设计中对场地的保护和修复应符合下列规定：

（1）采取净地表层土回收利用等措施实现生态恢复；

（2）根据场地实际状况，采取其他措施进行生态恢复或生态补偿。

7. 室外景观道路设计应根据场地设计中的功能，分别满足消防、救护和无障碍设计的要求，并符合下列规定：

（1）室外道路路面铺装材料应平整、防滑，并宜考虑儿童车、行李车等通过时的震动及噪声影响；

（2）室外主路不应设置台阶；主、次路纵坡宜小于8%，横坡宜为1.0%～2.0%，纵横坡不得同时无坡度；室外支路和小路的纵坡宜小于18%，超过15%路面应做防滑处理；室外道路竖向设计应符合现行国家标准《公园设计规范》（GB 51192—2016）的相关规定；

（3）室外主路设有人行道时，在道路交叉口应设置缘石坡道，缘石坡道设计应符合现行国家标准《无障碍设计规范》（GB 50763）的相关规定；

（4）居住建筑宜设置专用健身慢行道，健身慢行道面层宜采用弹性减振、防滑和环保的材料。

8. 根据场地条件及项目基地的年降水总量及控制率等因素，合理利用场地空间设置绿色雨水基础设施。

9. 应结合生态及美观效果进行可持续的水景设计，并符合下列规定：

（1）景观水体补水，循环水补水及绿化灌溉、道路浇洒用水的非传统水源宜选择过滤净化后的雨水；

（2）对进入室外景观水体的雨水，应利用生态设施削减径流污染；

（3）绿化灌溉可采用空调冷凝水。

1.8.2　一星级设计要求

1. 应进行场地雨洪控制利用的评估和规划，并应满足下列要求：

1）场地的竖向设计有利于雨水的收集或排放。

2）遵循低影响开发原则，有效组织雨水的下渗、滞蓄或再利用。

3）对大于10hm² 的场地进行雨水控制利用专项设计。

4）合理规划场地地表与屋面雨水径流，对场地雨水实施外排总量控制，场地年径流总量控制率应满足当地海绵城市规划控制指标要求。

5）利用场地空间设置绿色雨水基础设施，至少达到下列指标中的一项：

（1）有调蓄雨水功能的绿地和水体的面积之和占绿地面积的比例达到40%；

（2）衔接和引导不少于80%的屋面雨水进入地面生态设施；

（3）衔接和引导不少于80%的道路雨水进入地面生态设施；

（4）硬质铺装地面中透水铺装面积的比例达到50%。

2. 场地周边的城市绿地、广场及公共运动场地等开敞空间，应步行可达；场地内应合理设置健身场地和空间，并至少满足下列要求中的2项：

（1）场地出入口到达城市公园绿地、居住区公园、广场的步行距离不大于300m；

（2）场地出入口到达中型多功能运动场地的步行距离不大于500m；

（3）场地内室外健身场地面积不少于总用地面积的0.5%；

（4）场地内设置宽度不小于1.25m的专用健身慢行道，健身慢行道长度不小于用地红线周长的1/4且不小于100m。

3. 应充分利用场地空间规划设置绿化用地，配建的绿地应符合所在地城乡规划的要求，并满足下列要求：

1）住宅建筑应满足下列要求之一：

（1）绿地率达到规划指标105%及以上；

（2）住宅建筑所在居住街坊内人均集中绿地面积，新区建设不小于0.50m²，旧区改建不小于0.35m²。

2）公共建筑应满足下列要求之一：

（1）绿地率达到规划指标105%及以上；

（2）绿地向公众开放。

4. 绿化设计应符合场地使用功能、绿化安全间距、绿化效果及绿化种植、维护的要求，并满足下列要求：

（1）严禁砍伐或擅自迁移场地内的古树名木；

（2）应合理选择绿化方式，植物种植应适应当地气候和土壤，且应无毒害、易维护；

（3）种植区域覆土深度和排水能力应满足植物生长需求，并应采用复层绿化方式。

1.8.3　二星级设计要求

1. 场地的雨洪控制利用应至少满足下列要求中的2项：

（1）有调蓄雨水功能的绿地和水体的面积之和占绿地面积的比例达到40%；

（2）衔接和引导不少于80%的屋面雨水进入地面生态设施；

（3）衔接和引导不少于80%的道路雨水进入地面生态设施；

（4）硬质铺装地面中透水铺装面积的比例达到50%。

2. 住宅建筑绿化用地应满足下列要求之一：

（1）绿地率达到规划指标105%及以上；

（2）住宅建筑所在居住街坊内人均集中绿地面积，新区建设不小于 0.60m²，旧区改建不小于 0.45m²；

（3）宜合理提高场地绿容率。

3. 绿化设计应满足下列要求：

（1）场地内 80% 植物产地与运输范围宜控制在 500km 内，且不应选用移植的大树；

（2）住宅建筑平均每 100m² 绿地的乔木量不应少于 3 株，灌木量不宜少于 10 株；

（3）公共建筑应采用垂直绿化和屋顶绿化等立体绿化方式。

4. 室外景观水体设计应利用水生动、植物保障水体水质。

1.8.4 三星级设计要求

1. 场地的雨洪控制利用应至少满足下列要求中的 3 项：

（1）有调蓄雨水功能的绿地和水体的面积之和占绿地面积的比例达到 60%；

（2）衔接和引导不少于 80% 的屋面雨水进入地面生态设施；

（3）衔接和引导不少于 80% 的道路雨水进入地面生态设施；

（4）硬质铺装地面中透水铺装面积的比例达到 50%。

2. 场地周边及场地内的开敞空间、运动场地宜满足下列要求：

（1）场地出入口到达城市公园绿地、居住区公园、广场的步行距离不大于 300m；

（2）场地出入口到达中型多功能运动场地的步行距离不大于 500m；

（3）场地内室外健身场地面积不少于总用地面积的 0.5%；

（4）场地内设置宽度不小于 1.25m 的专用健身慢行道，健身慢行道长度不小于用地红线周长的 1/4 且不小于 100m。

3. 绿化用地应满足下列要求：

（1）住宅建筑绿地率达到规划指标 105% 及以上，且住宅建筑所在居住街坊内人均集中绿地面积，新区建设不小于 0.60m²，旧区改建不小于 0.45m²；

（2）公共建筑绿地率达到规划指标 105% 及以上，且绿地向公众开放。

4. 绿化设计应满足下列要求：

（1）多层公共建筑屋面及高层公共建筑裙房屋面绿化面积占可绿化屋面面积的比例不宜小于 50%；

（2）绿地中铺装原路面积不宜大于总绿地面积的 15%，硬质景观小品面积不宜大于总绿地面积的 5%，绿化种植面积不宜小于总绿地面积的 70%；

（3）空旷的活动、休息场地乔木覆盖率不宜小于场地面积的 45%。应以落叶乔木为主，以保证活动和休息场地夏有庇荫、冬有日照。

5. 景观设计宜利用可再生能源提供景观水体循环的动力及景观照明。

2 地基基础工程

2.1 基本规定

1. 地基基础工程施工前，必须具备完备的地质勘察资料及工程附近管线、建筑物、构筑物和其他公共设施的构造情况，必要时应做施工勘察以确保工程质量及邻近建筑的安全。施工勘察要点详见《建筑地基基础工程施工质量验收标准》(GB 50202—2018)。

2. 施工过程中出现异常情况时，应停止施工，由监理或建设单位组织勘察、设计、施工等有关单位共同分析情况，解决问题，消除质量隐患，并应形成文件资料。

2.2 施工放样

1. 定位放线的常用工具和材料

50m 和 5m 的钢卷尺、水平尺、透明塑料水管、线绳、白灰粉、木楔。

2. 建筑物施工基础放线步骤

1) 建筑物定位

房屋建筑工程开工后的第一次放线前需进行建筑物定位，参与人员为城市规划部门（下属的测量队）及施工单位的测量人员，根据建筑规划定位图（总平面图）进行定位，最后在施工现场形成（至少）4 个定位桩。放线工具为全站仪或者经纬仪。

2) 基础施工放线

设定建筑物定位桩后，由施工单位专业的测量人员、施工现场负责人及监理共同对基础工程进行放线及测量复核，最后放出所有建筑物轴线的定位桩，所有轴线定位桩都是根据规划部门的定位桩（至少 4 个）及建筑物底层施工平面图进行放线的，放线工具为经纬仪。

3) 挖基槽

挖基槽时要将撒出的石灰线当中心线，如果基槽挖 1m，则从石灰线左右两边各挖 0.5m，也可以在基础宽加工作面尺寸两边撒出石灰线挖基槽后浇垫层。

地基基槽完成后要进行地基验槽。地基验槽是用来检测地基施工质量的一个衡量标准，切不可大意。

2.3　地基

1. 对于灰土地基、砂和砂石地基、土工合成材料地基、粉煤灰地基、强夯地基、注浆地基、预压地基，其竣工后的结果（地基强度或承载力）必须达到设计要求的标准。检验数量，每单位工程不应少于 3 点，1000m² 以上工程，每 100m² 至少应有 1 点，3000m² 以上工程，每 300m² 至少应有 1 点。每一独立基础下至少应有 1 点，基槽每 20 延米应有 1 点。

2. 对于水泥土搅拌桩复合地基、高压喷射注浆桩复合地基、砂桩地基、振冲桩复合地基、土和灰土挤密桩复合地基、水泥粉煤灰碎石桩复合地基及夯实水泥土桩复合地基，其承载力检验数量为总数的 0.5%～1%，但不应少于 3 处。有单桩强度检验要求时，数量为总数的 0.5%～1%，但不应少于 3 根。

2.4　预压地基

1. 预压地基质量检验标准应符合表 2-1 的规定。

表 2-1　预压地基质量检验标准

项次	序号	检查项目	允许值或允许偏差		检查方法
			单位	数值	
主控项目	1	地基承载力	不小于设计值		静载试验
	2	处理后地基土的强度	不小于设计值		原位测试
	3	变形指标	设计值		原位测试
一般项目	1	预压荷载（真空度）	%	≥-2	高度测量（压力表）
	2	固结度	%	≥-2	原位测试（与设计要求比）
	3	沉降速率	%	±10	水准测量（与控制值比）
	4	水平位移	%	±10	用测斜仪、全站仪测量
	5	竖向排水体位置	mm	≤100	用钢尺量
	6	竖向排水体插入深度	mm	+200 0	经纬仪测量
	7	插入塑料排水带时的回带长度	mm	≤500	用钢尺量
	8	竖向排水体高出砂垫层距离	mm	≥100	用钢尺量
	9	插入塑料排水带的回带根数	%	<5	统计
	10	砂垫层材料的含泥量	%	≤5	水洗法

2. 高压喷射注浆复合地基质量检验标准应符合表 2-2 的规定。

表 2-2 高压喷射注浆复合地基质量检验标准

项次	序号	检查项目	允许值或允许偏差		检查方法
			单位	数值	
主控项目	1	复合地基承载力	不小于设计值		静载试验
	2	单桩承载力	不小于设计值		静载试验
	3	水泥用量	不小于设计值		查看流量表
	4	桩长	不小于设计值		测钻杆长度
	5	桩身强度	不小于设计值		28d试块强度或钻芯法
一般项目	1	水胶比	设计值		实际用水量与水泥等胶凝材料的质量比
	2	钻孔位置	mm	≤50	用钢尺量
	3	钻孔垂直度	≤1/100		经纬仪测钻杆
	4	桩位	mm	≤0.2D	开挖后桩顶下500mm处用钢尺量
	5	桩径	mm	≥−50	用钢尺量
	6	桩顶标高	不小于设计值		水准测量，最上部500mm浮浆层及劣质桩体不计入
	7	喷射压力	设计值		检查压力表读数
	8	提升速度	设计值		测机头上升距离及时间
	9	旋转速度	设计值		现场测定
	10	褥垫层夯填度	≤0.9		水准测量

注：D为设计桩径（mm）。

3. 水泥土搅拌桩地基质量检验标准应符合表2-3的规定。

表 2-3 水泥土搅拌桩地基质量检验标准

项次	序号	检查项目	允许值或允许偏差		检查方法
			单位	数值	
主控项目	1	复合地基承载力	不小于设计值		静载试验
	2	单桩承载力	不小于设计值		静载试验
	3	水泥用量	不小于设计值		查看流量表
	4	搅拌叶回转直径	mm	±20	用钢尺量
	5	桩长	不小于设计值		测钻杆长度
	6	桩身强度	不小于设计值		28d试块强度或钻芯法
一般项目	1	水胶比	设计值		实际用水量与水泥等胶凝材料的质量比
	2	提升速度	设计值		测机头上升距离及时间
	3	下沉速度	设计值		测机头下沉距离及时间
	4	桩位	条基边桩沿轴线	≤1/4D	全站仪或用钢尺量
			垂直轴线	≤1/6D	
			其他情况	≤2/5D	

项次	序号	检查项目	允许值或允许偏差		检查方法
			单位	数值	
一般项目	5	桩顶标高	mm	±200	水准测量，最上部500mm浮浆层及劣质桩体不计入
	6	导向架垂直度	≤1/150		经纬仪测量
	7	褥垫层夯填度	≤0.9		水准测量

注：D 为设计桩径（mm）。

2.5 桩基础

1. 打（压）入桩（预制混凝土方桩、先张法预应力管桩、钢桩）的桩位偏差，必须符合表 2-4 的规定。斜桩倾斜度的偏差不得大于倾斜角正切值的 15％（倾斜角系桩的纵向中心线与铅垂线间的夹角）。

表 2-4 预制桩（钢桩）的桩位允许偏差

序号	检查项目		允许偏差（mm）
1	带有基础梁的桩	垂直基础梁的中心线	≤100+0.01H
		沿基础梁的中心线	≤150+0.01H
2	承台桩	桩数为1~3根桩基中的桩	≤100+0.01H
		桩数大于或等于4根桩基中的桩	≤1/2桩径+0.01H 或 1/2边长+0.01H

注：H 为桩基施工面至设计桩顶的距离（mm）。

2. 灌注桩的桩位偏差必须符合表 2-5 的规定，桩顶标高至少要比设计标高高出 0.5m，桩底清孔质量按不同的成桩工艺有不同的要求，应按本章的各节要求执行。每浇筑 50m² 必须有 1 组试件，小于 50m² 的桩，每根桩必须有 1 组试件。

表 2-5 灌注桩的桩径、垂直度及桩位的允许偏差

序号	成孔方法		桩径允许偏差（mm）	垂直度允许偏差	桩位允许偏差（mm）
1	泥浆护壁钻孔桩	D<1000mm	≥0	≤1/100	≤70+0.01H
		D≥1000mm			≤100+0.01H
2	套管成孔灌注桩	D<500mm	≥0	≤1/100	≤70+0.01H
		D≥500mm			≤100+0.01H
3	干成孔灌注桩		≥0	≤1/100	≤70+0.01H
4	人工挖孔桩		≥0	≤1/200	≤50+0.005H

注：1. H 为桩基施工面至设计桩顶的距离（mm）；

2. D 为设计桩径（mm）。

3. 工程桩应进行承载力检验。对于地基基础设计等级为甲级或地质条件复杂、成桩质量可靠性低的灌注桩，应采用静载荷试验的方法进行检验，检验桩数不应少于总数的 1％，且不应少于 2 根，当总桩数少于 50 根时，不应少于 2 根。

4. 桩身质量应进行检验。对设计等级为甲级或地质条件复杂、成桩质量可靠性低的灌注桩，抽检数量不应少于总数的30％，且不应少于20根；其他桩基工作的抽检数量不应少于总数的20％，且不应少于10根；对混凝土预制桩及地下水位以上且终孔后经过核验的灌注桩，检验数量不应少于总桩数的10％，且不得少于10根，每个柱子承台下不得少于1根。

2.6　先张法预应力管桩

1. 施工前应检查进入现场的成品桩、接桩用电焊条等产品质量。
2. 施工过程中应检查桩的贯入情况、桩顶完整状况、电焊接桩质量、桩体垂直度、电焊后的停歇时间。重要工程应对电焊接头做10％的焊缝探伤检查。
3. 先张法预应力管桩的质量检验应符合表2-6的规定。

表 2-6　先张法预应力管桩质量检验标准

项次	序号	检验项目		允许偏差或允许值		检验方法
				单位	数值	
主控项目	1	桩体质量检验		按《建筑基桩检测技术规范》(JGJ 106)		按《建筑基桩检测技术规范》(JGJ 106)
	2	桩位偏差		见《标准》表5.1.2		用钢尺量
	3	承载力		按《建筑基桩检测技术规范》(JGJ 106)		按《建筑基桩检测技术规范》(JGJ 106)
一般项目	1	成品桩质量	外观	无蜂窝、露筋、裂缝，色感均匀，桩顶处无孔隙		直观
			桩径	mm	±5	用钢尺量
			管壁厚度	mm	±5	用钢尺量
			桩尖中心线	mm	<2	用钢尺量
			顶面平整度	mm	10	用水平尺量
			桩体弯曲	mm	<1/1000L	用钢尺量，L 为桩长
	2	接桩：焊缝质量		见《标准》表5.10.4		见《标准》表5.10.4
	3	电焊结束后停歇时间		min	>1.0	抄表测定
	4	上下节平面偏差		min	<10	用钢尺量
	5	节点弯曲矢高		min	<1/1000L	用钢尺量，L 为桩长
	6	停锤标准		设计要求		现场实测或查沉桩记录
	7	桩顶标高		mm	±50	水准仪

注：《标准》系指《建筑地基基础工程施工质量验收标准》(GB 50202—2018)。

2.7　混凝土灌注桩

1. 施工前应对水泥、砂、石子（如现场搅拌）、钢材等原材料进行检查，对施工组织设计中制定的施工顺序、监测手段（包括仪器、方法）也应检查。

2.施工中应对成孔、清渣、放置钢筋笼、灌注混凝土等进行全过程检查，人工挖孔桩尚应复验孔底持力层土（岩）性。嵌岩桩必须有桩端持力层的岩性报告。

3.混凝土灌注桩的质量检验标准应符合表2-7的规定。

表 2-7　混凝土灌注桩钢筋笼质量检验标准

项次	序号	检查项目	允许偏差或允许值（mm）	检查方法
主控项目	1	主筋间距	±10	用钢尺量
	2	长度	±100	用钢尺量
一般项目	1	钢筋材质检验	设计要求	抽样送检
	2	箍筋间距	±20	用钢尺量
	3	直径	±10	用钢尺量

2.8　地下连续墙

1.施工中应检查成槽的垂直度、槽底的淤积物厚度、泥浆相对密度、钢筋笼尺寸、浇筑导管位置、混凝土上升速度、浇筑面标高、地下墙连接面的清洗程度、混凝土的坍落度、锁口管或接头箱的拔出时间及速度等。

2.钢筋笼制作与安装允许偏差应符合表2-8的规定。地下连续墙成槽及墙体允许偏差应符合表2-9的规定。

表 2-8　钢筋笼制作与安装允许偏差

项次	序号	检查项目		允许偏差		检查方法
				单位	数值	
主控项目	1	钢筋笼长度		mm	±100	用钢尺量，每片钢筋网检查上、中、下3处
	2	钢筋笼宽度		mm	0 −20	
	3	钢筋笼安装标高	临时结构	mm	±20	
			永久结构	mm	±15	
	4	主筋间距		mm	±10	任取一断面，连续量取间距，取平均值作为一点，每片钢筋网上测4点
一般项目	1	分布筋间距		mm	±20	
	2	预埋件及槽底注浆管中心位置	临时结构	mm	≤10	用钢尺量
			永久结构	mm	≤5	
	3	预埋钢筋和接驳器中心位置	临时结构	mm	≤10	用钢尺量
			永久结构	mm	≤5	
	4	钢筋笼制作平台平整度		mm	±20	用钢尺量

表 2-9 地下连续墙质量检验标准

项次	序号	检查项目		允许值		检查方法
				单位	数值	
主控项目	1	墙体强度		不小于设计值		28d 试块强度或钻芯法
	2	槽壁垂直度	临时结构	≤1/200		20%超声波 2 点/幅
			永久结构	≤1/300		100%超声波 2 点/幅
	3	槽段深度		不小于设计值		测绳 2 点/幅
一般项目	1	导墙尺寸	宽度（设计墙厚＋40mm）	mm	±10	用钢尺量
			垂直度	≤1/500		用线锤测
			导墙顶面平整度	mm	±5	用钢尺量
			导墙平面定位	mm	≤10	用钢尺量
			导墙顶标高	mm	±20	水准测量
	2	槽段宽度	临时结构	不小于设计值		20%超声波 2 点/幅
			永久结构	不小于设计值		100%超声波 2 点/幅
	3	槽段位	临时结构	mm	≤50	钢尺 1 点/幅
			永久结构	mm	≤30	
	4	沉渣厚度	临时结构	mm	≤150	100%测绳 2 点/幅
			永久结构	mm	≤100	
	5	混凝土坍落度		mm	180～220	坍落度仪
	6	地下连续墙表面平整度	临时结构	mm	±150	用钢尺量
			永久结构	mm	±100	
			预制地下连续墙	mm	±20	
	7	预制墙顶标高		mm	±10	水准测量
	8	预制墙中心位移		mm	≤10	用钢尺量
	9	永久结构的渗漏水		无渗漏、线流、且≤0.1L/(m²·d)		现场检验

2.9 止水帷幕漏水的防治

1. 在高压旋喷止水帷幕施工过程中，应根据不同地层严格控制提升速度，砂层提升速度一般不大于 10cm/min。而对承压水头过大的地层，减小水泥浆的水灰比，施工时应将喷头降到孔底，待孔口返浆后再开始提升喷射注浆。

2. 水泥搅拌桩止水帷幕施工前应平整硬化施工场地，施工过程中应严格控制桩基的垂直度，放慢提升速度并及时进行复喷复搅。

3. 地下连续墙止水帷幕槽幅工字钢接头处设置塑料泡沫或回填砂袋，用刷槽器刷槽，成槽后应严格清渣，应采用优质泥浆置换和悬浮槽底泥渣。

2.10　基坑施工

1. 在基坑（槽）或管沟工程等开挖施工中，现场不宜进行放坡开挖，当可能对邻近建（构）筑物、地下管线、永久性道路产生危害时，应对基坑（槽）、管沟进行支护后再开挖。土方开挖的顺序、方法必须与设计工况相一致，并遵循"开槽支撑、先撑后挖、分层开挖、严禁超挖"的原则。

基坑（槽）、管沟土方施工中应对支护结构、周围环境进行观察和监测，如出现异常情况应及时处理，待恢复正常后方可继续施工。

基坑（槽）、管沟开挖至设计标高后，应对坑底进行保护，经验槽合格后，方可进行垫层施工。对特大型基坑，宜分区分块挖至设计标高，分区分块及时浇筑垫层，必要时可加强垫层。

2. 基坑施工封闭降水技术

1）技术内容

基坑封闭降水是指在坑底和基坑侧壁采用截水措施，在基坑周边形成止水帷幕，阻截基坑侧壁及基坑底面的地下水流入基坑，在基坑降水过程中对基坑以外地下水位不产生影响的降水方法。基坑施工时应按需降水或隔离水源。

在我国沿海地区宜采用地下连续墙或护坡桩＋搅拌桩止水帷幕的地下水封闭措施；内陆地区宜采用护坡桩＋旋喷桩止水帷幕的地下水封闭措施；河流阶地地区宜采用双排或三排搅拌桩对基坑进行封闭，同时兼做支护的地下水封闭措施。

2）技术指标

（1）封闭深度：宜采用悬挂式竖向截水和水平封底相结合，在没有水平封底措施的情况下要求侧壁帷幕（连续墙、搅拌桩、旋喷桩等）插入基坑下卧不透水土层一定深度。深度情况应满足式（2-1）：

$$L=0.2h_{\mathrm{w}}-0.5b \tag{2-1}$$

式中　L——帷幕插入不透水层的深度（cm）；

h_{w}——作用水头（cm）；

b——帷幕厚度（cm）。

（2）截水帷幕厚度：满足抗渗要求，渗透系数宜小于 $1.0\times10^{-6}\mathrm{cm/s}$。

（3）基坑内井深度：可采用疏干井和降水井，若采用降水井，井深度不宜超过截水帷幕深度；若采用疏干井，井深应插入下层强透水层。

（4）结构安全性：截水帷幕必须在有安全的基坑支护措施下配合使用（如注浆法），或者帷幕本身经计算能同时满足基坑支护的要求（如地下连续墙）。

（5）适用范围：适用于有地下水存在的所有非岩石地层的基坑工程。

2.11　保证桩身质量的施工措施

1. 桩身断裂及损坏的防治

(1) 高强预应力混凝土管桩施工前应将地下障碍物清理干净，尤其是桩位下的障碍物，必要时用钎探检查。桩身弯曲超过规定 [L 桩长/1000] 或桩尖不在桩纵轴线上的不得使用。

(2) 在打桩过程中如发现桩不垂直应及时纠正，桩锤击或压入一定深度发生严重倾斜时，不得采用移架方法来校正。接桩时，要保证上下两节桩在同一轴线上，接头焊接必须严格按设计和规范要求执行。土方开挖时严禁机械对桩身的碰撞，桩头有明显机械碰撞痕迹的应详细记录，并进行桩身完整性检测验证。

2. 桩身上浮的防治

(1) 高强预应力混凝土管桩施工过程中应严格控制布桩密度，对桩距较密部分的管桩可采用预钻孔沉桩方法（钻孔孔径约比桩径小 50~100mm，深度宜为桩长的 1/3~1/2，先引孔后再施打管桩），以减少挤土效应。

(2) 压桩施工时应设置观测点，定时检测桩的上浮量及桩顶偏位值，设置一定比例的观测点对已完成的管桩进行桩顶标高监测并做好记录。

(3) 发现有桩身上浮现象时，应采取复打或复压措施。

3. 桩身倾斜的防治

(1) 高强预应力混凝土管桩施工场地应平整并硬化，在较软的场地中应适当铺设道砟或采取其他必要的措施提高地基承载力，防止桩机在打桩过程中产生不均匀沉降。

(2) 施工过程中要严格控制好桩身垂直度，重点应放在第一节桩上，垂直度偏差不得超过桩长的 0.5%，沉桩时宜设置经纬仪或线坠在两个方向上进行校准。

(3) 制定合理的施工顺序，桩基施工后的孔洞应及时回填。

(4) 桩基施工后应在停歇期后再进行基坑开挖施工。基坑开挖应分层均匀进行，必须加强基坑支护措施，防止因土体对桩的侧压力而引起管桩倾斜或折断。

4. 桩承载力（岩土）达不到设计要求的防治

(1) 高强预应力混凝土管桩正式施打前，可在正式桩位上进行工艺试桩，以了解管桩施工情况，验证桩锤或压桩设备选择的合理性，确定收锤标准或终压标准。如果设计有要求，施工前应根据设计要求进行承载力试验。

(2) 当桩端持力层为遇水易软化的风化岩（土）层时，桩尖应采用封口型，桩尖焊接应连续饱满不渗水，并对管桩进行封底混凝土施工。

5. 钢筋笼上浮的防治

(1) 钻孔灌注桩（包括旋挖桩、冲孔桩等）混凝土在灌注过程中应严控导管居中，在提升时防止导管挂带钢筋笼。

（2）控制混凝土的初凝时间。混凝土的初凝时间应考虑气温、运距及灌注时间长短的影响，一般混凝土的初凝时间应控制在不小于正常运输和灌注时间之和的两倍。

（3）控制混凝土灌注时的导管埋深和混凝土的上返速度。为防止钢筋笼上浮，混凝土浇灌面上升至钢筋笼底以上 3m 后不宜继续浇灌，待拆管至钢筋笼底以上 1m 后继续浇灌。

6. 桩底沉渣过厚的防治

（1）钻孔灌注桩（包括旋挖桩、冲孔桩等）开始灌注混凝土时，导管底部至孔底距离控制在 30～40cm，应有足够的混凝土储备量，使导管一次埋入混凝土内 1m 以上。混凝土灌注过程中，导管埋入混凝土深度宜为 2～5m，严禁将导管提出混凝土灌注面，并应控制提拔导管的速度；灌注过程中应不断测定混凝土面上升高度，并根据混凝土的供应情况来确定拆卸导管的时间及长度。

（2）混凝土灌注必须连续施工，并严格控制每车混凝土的坍落度，每根桩的灌注时间应按混凝土的初凝时间来控制。

7. 钢筋笼保护层厚度不足或露筋的防治

（1）钻孔灌注桩（包括旋挖桩、冲孔桩等）钢筋笼箍筋或加强筋上应设置混凝土保护层垫块。

（2）钢筋笼宜分段，在地面桩孔口安装，长钢筋笼一次安装时，应采取措施避免钢筋笼变形。

（3）钢筋笼应对孔中心安放，并确保最小保护层厚度，安放完成后宜与钢护筒焊接固定。

8. 施工现场水收集综合利用技术

1）技术内容

施工过程中应高度重视施工现场非传统水源的水收集与综合利用，该项技术包括基坑施工降水回收利用技术、雨水回收利用技术、现场生产和生活废水回收利用技术。

（1）基坑施工降水回收利用技术一般包含两种技术：一是利用自渗效果将上层滞水引渗至下层潜水层中，可使部分水资源重新回灌至地下；二是将降水所抽水体集中存放，待施工时再利用。

（2）雨水回收利用技术是指在施工现场将雨水收集后，经过雨水渗蓄、沉淀等处理，集中存放再利用。回收水可直接用于冲刷厕所、施工现场洗车及现场洒水控制扬尘。

（3）现场生产和生活废水回收利用技术是指将施工生产和生活废水经过过滤、沉淀或净化等处理达标后再利用。经过处理或水质达到要求的水体可用于绿化、结构养护用水以及混凝土试块养护用水等。

2）技术指标

（1）利用自渗效果将上层滞水引渗至下层潜水层中，有回灌量、集中存放量和使用量记录。

（2）施工现场用水应有至少 20% 来源于回收利用的雨水和生产废水等。

（3）污水排放应符合《污水综合排放标准》（GB 8978）。

（4）基坑降水回收利用率 R 应满足式（2-2）：

$$R = K \frac{Q_1 + q_1 + q_2 + q_3}{Q_0} \times 100\% \tag{2-2}$$

式中 Q_0——基坑涌水量（m^3/d），按照最不利条件下的计算最大流量；

Q_1——回灌至地下的水量（m^3/d），根据地质情况及试验确定；

q_1——现场生活用水量（m^3/d）；

q_2——现场控制扬尘用水量（m^3/d）；

q_3——施工砌筑抹灰等用水量（m^2/d）；

K——损失系数，取 $0.85\sim0.95$。

3）适用范围

基坑封闭降水技术适用于地下水面埋藏较浅的地区，雨水及废水利用技术适用于各类施工工程。

9. 施工现场太阳能光伏发电照明技术

施工现场太阳能光伏发电照明技术是利用太阳能电池组件将太阳光能直接转化为电能储存并用于施工现场照明系统的技术。发电系统主要由光伏组件、控制器、蓄电池（组）和逆变器（当照明负载为直流电时，不使用）及照明负载等组成。

1）技术指标

施工现场太阳能光伏发电照明技术中的照明灯具负载应为直流负载，灯具选用以工作电压为 12V 的 LED 灯为主。生活区安装太阳能发电电池，保证道路照明使用率达到 90% 以上。

（1）光伏组件：一般为具有封装及内部联结的、能单独提供直流电输出、不可分割的太阳电池组合装置，又称太阳电池组件。太阳光充足的地区，宜采用多晶硅太阳能电池；阴雨天比较多、阳光相对不是很充足的地区，宜采用单晶硅太阳能电池；其他可根据太阳能电池发展趋势选用新型低成本太阳能电池。选用的太阳能电池的输出电压应比蓄电池的额定电压高 20%~30%，以保证蓄电池正常充电。

（2）太阳能控制器：控制整个系统的工作状态，并对蓄电池起到过充电保护、过放电保护的作用。在温差较大的地方，应具备温度补偿和路灯控制功能。

（3）蓄电池：一般为铅酸电池，小微型系统中也可用镍氢电池、镍镉电池或锂电池。项目应根据临建照明系统整体用电负荷数选用适合容量的蓄电池，蓄电池额定工作电压通常选 12V，容量为日负荷消耗量的 6 倍左右，可根据项目具体使用情况组成电池组。

2）适用范围

该技术适用于施工现场临时照明，如路灯、加工棚照明、办公区廊灯、食堂照明、卫生间照明等。

10. 太阳能热水应用技术

太阳能热水器是利用太阳的能量将水加热的装置。太阳能热水器分为真空管式太阳能热水器和平板式太阳能热水器，真空管式太阳能热水器占据国内 95％的市场份额。太阳能光热发电比光伏发电的太阳能转化效率高，它由集热部件（真空管式为真空集热管，平板式为平板集热器）、保温水箱、支架、连接管道、控制部件等组成。

1）技术指标

（1）太阳能热水技术系统由集热器外壳、水箱内胆、水箱外壳、控制器、水泵、内循环系统等组成。常见太阳能热水器安装技术参数见表 2-10。

表 2-10　常规太阳能热水器安装技术参数

产品型号	水箱容积（t）	集热面积（m²）	集热管规格（mm）	集热管支数（支）	适用人数（人）
DFJN-1	1	15	$\phi 47 \times 1500$	120	20～25
DFJN-2	2	30	$\phi 47 \times 1500$	240	40～50
DFJN-3	3	45	$\phi 47 \times 1500$	360	60～70
DFJN-4	4	60	$\phi 47 \times 1500$	480	80～90
DFJN-5	5	75	$\phi 47 \times 1500$	600	100～120
DFJN-6	6	90	$\phi 47 \times 1500$	720	120～140
DFJN-7	7	105	$\phi 47 \times 1500$	840	140～160
DFJN-8	8	120	$\phi 47 \times 1500$	960	160～180
DFJN-9	9	135	$\phi 47 \times 1500$	1080	180～200
DFJN-10	10	150	$\phi 47 \times 1500$	1200	200～240
DFJN-15	15	225	$\phi 47 \times 1500$	1800	300～360
DFJN-20	20	300	$\phi 47 \times 150$	2400	400～500
DFJN-30	30	450	$\phi 47 \times 1500$	3600	600～700
DFJN-40	40	600	$\phi 47 \times 1500$	4800	800～900
DFJN-50	50	750	$\phi 47 \times 1500$	6000	1000～1100

注：因每人每次洗浴用水量不同，以上所标适用人数为参考洗浴人数，请购买时根据实际情况选择合适的型号安装。

（2）太阳能集热器相对储水箱的位置应使循环管路尽可能短；集热器面向正南或正南偏西 5°，条件不允许时可调整至正南±30°；平板型、竖插式真空管太阳能集热器安装倾角需根据工程所在地区纬度调整，一般情况下安装角度等于当地纬度或当地纬度±10°；集热器应避免遮光物或前排集热器的遮挡，应尽量避免反射光对附近建筑物引起光污染。

（3）采购的太阳能热水器的热性能、耐压、电气强度、外观等检测项目，应依据《家用太阳能热水系统技术条件》（GB/T 19141）的要求确定。

（4）宜选用合理先进的控制系统，控制主机启停、水箱补水、用户用水等。另外，系统用水箱和管道需做好保温防冻措施。

2）适用范围

该技术适用于太阳能丰富的地区，适用于施工现场办公、生活区临时热水供应。

11. 空气能热水技术

空气能热水技术是运用热泵工作原理，吸收空气中的低能热量，经过中间介质的热交换，冷媒蒸汽被压缩成高温气体，通过管道循环系统对水加热的技术。空气能热水器是采用制冷原理从空气中吸收热量来加热水的"热量搬运"装置，把一种沸点为零下十几度的制冷剂送到交换机中，制冷剂通过蒸发由液态变成气态，从空气中吸收热量，再经过压缩机加压做功，制冷剂的温度就能骤升至 $80\sim120℃$。空气能热水器具有高效节能的特点，是常规电热水器热效率的 $380\%\sim600\%$，加热相同的水量，比电辅助太阳能热水器利用能效高，耗电只有电热水器的 $1/4$。

1）技术指标

(1) 空气能热水器利用空气能，不需要阳光，因此放在室内或室外均可，温度在℃以上，就可以 24h 全天候承压运行。部分空气能（源）热泵热水器参数见表2-11。

表 2-11　部分空气能（源）热泵热水器参数

机组型号	2P	3P		5P	10P
额定制热量（kW）	6.79	8.87	8.87	14.97	30
额定输入功率（kW）	1.96	2.88	2.83	4.67	9.34
最大输入功率（kW）	2.5	3.6	3.8	6.4	12.8
额定电流（A）	9.1	14.4	5.1	8.4	16.8
最大输入电流（A）	11.4	16.2	7.1	12	20
电源电压（V）	220			380	
最高出水温度（℃）	60				
额定出水温度（℃）	55				
额定使用水压（MPa）	0.7				
热水循环水量（m³/h）	3.6	7.8	7.8	11.4	19.2
循环泵扬程（m）	3.5	5	5	5	7.5
水泵输出功率（W）	40	100	100	125	250
产水量（L/h，20~55℃）	150	300	300	400	800
COP 值	2~5.5				
水管接头规格	DN20	DN25	DN25	DN25	DN32
环境温度要求	−5~40℃				
运行噪声［dB（A）］	50	≤55	55	≤60	60
选配热水箱容积（t）	1~1.5	2~2.5	2~2.5	3~4	5~8

(2) 工程现场使用空气能热水器时，空气能热泵机组应尽可能布置在室外，进风和排风应通畅，避免造成气流短路。机组间的距离应保持在 2m 以上，机组与主体建筑

或临建墙体（封闭遮挡类墙面或构件）间的距离应保持在 3m 以上；另外，为避免排风短路，在机组上部不应设置挡雨棚之类的遮挡物；如果机组必须布置在室内，应采取提高风机静压的办法，接风管将排风排至室外。

（3）宜选用合理先进的控制系统，控制主机启停、水箱补水、用户用水，以及其他辅助热源切入与退出。系统用水箱和管道需做好保温防冻措施。

2）适用范围

该技术适用于施工现场办公、生活区临时热水供应。

12. 绿色施工在线监测评价技术

绿色施工在线监测及量化评价技术是根据绿色施工评价标准，通过在施工现场安装智能仪表并借助 GPRS 通信和计算机软件技术，随时随地以数字化的方式对施工现场的能耗、水耗、施工噪声、施工扬尘、大型施工设备安全运行状况等各项绿色施工指标数据进行实时监测、记录、统计、分析、评价和预警的监测系统和评价体系。

绿色施工涉及管理、技术、材料、工艺、装备等多个方面。根据绿色施工现场的特点以及施工流程，在确保施工各项目都能得到监测的前提下，绿色施工监测内容应尽可能全面，用最小的成本获得最大限度的绿色施工数据，绿色施工在线监测对象内容应包括但不限于图 2-1 所示内容。

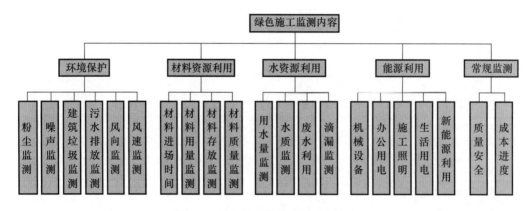

图 2-1　绿色施工在线监测对象内容

监测及量化评价系统构成以传感器为监测基础，以无线数据传输技术为通信手段，包括现场监测子系统、数据中心和数据分析处理子系统。现场监测子系统由分布在各个监测点的智能传感器和 HCC 可编程通信处理器组成监测节点，利用无线通信方式进行数据的转发和传输，达到实时监测施工用电、用水，施工产生的噪声和粉尘、风速风向等数据。数据中心负责接收数据的接收和初步处理、存储，数据分析处理子系统则将初步处理的数据进行量化评价和预警，并依据授权发布处理数据。

1）技术指标

（1）绿色施工在线监测评价技术内容包括数据记录、分析及量化评价和预警。

（2）应符合《建筑施工场界环境噪声排放标准》（GB 12523）、《污水综合排放标准》

（GB 8978）、《生活饮用水卫生标准》（GB 5749）；建筑垃圾产生量应不高于 350t/万 m²。施工现场扬尘监测主要为 PM2.5、PM10 的控制监测，PM10 不超过所在区域的 120%。

（3）受风力影响较大的施工工序场地、机械设备（如塔式起重机）处风向、风速监测仪安装率宜达到 100%。

（4）现场施工照明和办公区须安装高效节能灯具（如 LED 灯）和声光智能开关，安装覆盖率宜达到 100%。

（5）对于危险性较大的施工工序，远程监控安装率宜达到 100%。

（6）材料进场时间、用量、验收情况实时录入监测系统，保证远程实时接收监测结果。

2）适用范围

该技术适用于规模较大及科技、质量示范类项目的施工现场。

13. 防渗漏专篇

1）地下室底板渗漏的防治

（1）地下室底板在条件许可时，应设计外防水层。地下水应降至基坑底 500mm 以下，如不符合要求，应在垫层下设置盲沟排水，确保垫层面无明水。

（2）根据基坑环境条件，选择适宜施工的防水材料。基面干净、平整、干燥时可选择聚氨酯防水涂料或自粘防水卷材。基面潮湿可选择湿铺防水卷材或高分子自粘胶膜防水卷材（预铺反粘法施工）。

（3）防水卷材要确保搭接宽度符合规范要求（80～100mm），施工涂料防水层时要确保涂层厚度满足设计要求；在转角处、施工缝等部位，卷材要铺贴宽度不小于 500mm 的加强层，涂料要增加宽度不小于 500mm 的胎体增强材料和涂料。

（4）浇筑底板混凝土前，清理干净基面杂物和积水，基面不得有明水。

（5）当承台底板为大体积混凝土时，按大体积混凝土设计配合比，并采取有效测温、控温措施，严控混凝土内外温差。

（6）防水混凝土拌和物在运输后如出现离析现象，必须进行二次搅拌；当坍落度损失后不能满足施工要求时，应加入原水胶比的水泥浆或掺加同品种的减水剂进行搅拌，严禁直接加水。

2）地下室后浇带渗漏的防治

（1）后浇带混凝土采用补偿收缩混凝土，强度提高一级，确保养护时间不少于 28d。

（2）混凝土浇筑前，应彻底清除后浇带底部杂物和浮浆，排除干净积水。

（3）后浇带两侧有差异沉降时，应该沉降稳定后再浇筑后浇带混凝土。

（4）顶板后浇带混凝土施工后，应减少裸露时间，尽快完成防水层、上部构造层和覆土层，降低结构温度变形和开裂风险。

3）地下室外墙渗漏的防治

（1）地下室外墙在保证配筋率的情况下，水平筋应尽量采用小直径、小间距的配筋方式，侧墙严格按 30～40m 设置一道后浇带，后浇带宽度宜为 700～1000mm。

（2）优化混凝土配合比，控制砂、石的含泥量，石子宜用 10～30mm 连续级配的碎石，砂宜用细度模数 2.6～2.8 的中粗砂，控制混凝土坍落度，宜为 130～150mm。

（3）固定模板用的螺栓采用止水螺栓，拆模后对螺杆孔用防水砂浆补实。

（4）地下室外墙防水应设在迎水面，做柔性防水层，以适应侧墙的变形和裂缝。

（5）地下室外墙外侧的钢筋混凝土保护层厚度一般较大，容易产生干缩裂缝导致外墙渗水，设计可考虑在外墙外侧增设一道 $\phi4@150$ 的钢筋网片。

（6）止水钢板应加工成"〔"状，接头应采用搭接焊接，搭接长度应大于或等于 50mm。

（7）穿墙套管应加焊止水环或环绕遇水膨胀止水圈，并做好防腐处理；套管与止水环及翼环应连续满焊，并做好防腐处理；穿墙管与套管之间应用密封材料和橡胶密封圈进行密封处理，并采用法兰盘及螺栓进行固定；相邻穿墙管间的间距应大于 300mm。

（8）外墙防水聚苯板保护层应粘结牢固，覆盖到位，安装高度要高于回填完成面 1～2m，

4）地下室顶板渗漏的防治

（1）顶板混凝土强度未达到设计值时，不应过早作为施工场地，堆载不应过重。

（2）顶板后浇带混凝土浇筑后，应及时施工防水层及上部构造层加以保护。

（3）种植顶板增加一道与其下层普通防水层材性相容的耐根穿刺防水层。

（4）防水层施工前和施工后，分别对结构基层和防水层做 24h（种植顶板 48h）蓄水试验，每层均不渗漏后再进行下一道工序。

（5）防水涂料施工前，基面应修补平顺，确保基面干净、干燥后再施工，施工时应确保涂层厚度符合设计及规范要求。

（6）防水卷材施工前，湿铺卷材基面层应干净无明水，自粘卷材基面应平顺、干燥、干净。施工时应确保搭接宽度符合要求，粘贴牢固、密实、无气泡。

（7）转角处、管道穿板处、雨水口等细部采取防水加强措施，与墙、柱交接处，防水层上翻至地面以上不少于 500mm。

（8）防水层施工后应及时施工保护层及上部构造层，防水层损伤要及时修补。

（9）地下室顶板加载部位（临时道路、堆场等）必须经计算核算，提前做好深化设计，考虑增加配筋、支撑等方式进行加固。

3 混凝土工程

3.1 一般规定

1. 混凝土结构施工现场质量管理应有相应的施工技术标准以及健全的质量管理体系、施工质量控制和质量检验制度。混凝土结构施工项目应有施工组织设计和施工技术方案,并经审查批准。

2. 混凝土结构子分部工程可根据结构的施工方法分为两类:现浇混凝土结构子分部工程和装配式混凝土结构子分部工程;根据结构还可分为钢筋混凝土结构子分部工程和预应力混凝土结构子分部工程等。混凝土结构子分部工程可划分为模板、钢筋、预应力、混凝土、现浇结构和装配式结构等分项工程。可根据与施工方式相一致且便于控制施工质量的原则,将工程按工作班、楼层结构、施工缝或施工段划分为若干检验批。

3. 对混凝土结构子分部工程的质量验收,应在钢筋、预应力、混凝土、现浇结构或装配式结构等相关分项工程验收合格的基础上,进行质量控制资料检查及观感质量验收,并应对涉及结构安全的材料、试件、施工工艺和结构的重要部位进行见证检测或实体检验。

4. 分项工程的质量验收应在所含检验批验收合格的基础上进行质量验收记录检查。

5. 检验批的质量验收应包括以下内容:

1) 实物检查按下列方式进行:

(1) 对原材料、构配件和器具等产品的进场复验,应按进场的批次和产品的抽样检验方案执行;

(2) 对混凝土强度、预制构件结构性能等,应按国家现行有关标准和本《混凝土结构工程施工质量验收规范》(GB 50204—2015)规定的抽样检验方案执行;

(3) 对本章节中采用计数检验的项目,应按抽查总点数的合格点率进行检查。

2) 资料检查,包括原材料、构配件和器具等的产品合格证(中文质量合格证明文件、规格、型号及性能检测报告等)及进场复验报告、施工过程中重要工序的自检和交接检记录、抽样检验报告、见证检测报告、隐蔽工程验收记录等。

6. 检验批合格质量应符合下列规定:

(1) 主控项目的质量经抽样检验合格;

(2) 一般项目的质量经抽样检验合格,当采用计数检验时,除有专门要求外,一般项目的合格点率应达到 80％及以上，且不得有严重缺陷；

（3）具有完整的施工操作依据和质量验收记录。对验收合格的检验批，宜做出合格标志。

7. 检验批、分项工程、混凝土结构子分部工程的质量验收可按《混凝土结构工程施工质量验收规范》（GB 50204—2015）附录 A 记录，质量验收程序和组织应符合国家标准《建筑工程施工质量验收统一标准》（GB 50300—2013）的规定。

3.2　模板分项工程

1. 模板及其支架应根据工程结构形式、荷载大小、地基土类别、施工设备和材料供应等条件进行设计。模板及其支架应具有足够的承载能力、刚度和稳定性，能可靠地承受浇筑混凝土的质量、侧压力以及施工荷载。

2. 在浇筑混凝土之前，应对模板工程进行验收。模板安装和浇筑混凝土时，应对模板及其支架进行观察和维护。发生异常情况时，应按施工技术方案及时进行处理。

3. 模板及其支架拆除的顺序及安全措施应按施工技术方案执行。

4. 安装现浇结构的上层模板及其支架时，下层楼板应具有承受上层荷载的承载能力，或加设支架；上、下层支架的立柱应对准，并铺设垫板。检查数量：全数检查。检验方法：对照模板设计文件和施工技术方案观察。

5. 在涂刷模板隔离剂时，不得沾污钢筋和混凝土接槎处。检查数量：全数检查。检验方法：观察。

6. 模板安装应满足下列要求：

（1）模板的接缝不应漏浆，在浇筑混凝土前，木模板应浇水湿润，但模板内不应有积水。

（2）模板与混凝土的接触面应清理干净并涂刷隔离剂，但不得采用影响结构性能或妨碍装饰工程施工的隔离剂。

（3）浇筑混凝土前，模板内的杂物应清理干净。

（4）对清水混凝土工程及装饰混凝土工程，应使用能达到设计效果的模板。检查数量：全数检查。检验方法：观察。

7. 用作模板的地坪、胎模等应平整光洁，不得产生影响构件质量的下沉、裂缝、起砂或起鼓。检查数量：全数检查。检验方法：观察。

8. 对跨度不小于 4m 的现浇钢筋混凝土梁、板，其模板应按设计要求起拱。当设计无具体要求时，起拱高度宜为跨度的 1/1000～3/1000。检查数量：在同一检验批内，对梁，应抽查构件数量的 10％，且不少于 3 件；对板，应按有代表性的自然间抽查 10％，且不少于 3 间；对大空间结构，其板可按纵、横轴线划分检查面，抽查 10％，且不少于 3 面。检验方法：用水准仪或拉线钢尺检查。

9. 固定在模板上的预埋件、预留孔和预留洞均不得遗漏，且应安装牢固，其偏差应符合表 3-1 的规定。

表 3-1　预埋件和预留孔洞的允许偏差

项目		允许偏差（mm）
预埋板中心线位置		3
预埋管、预留孔中心线位置		3
插筋	中心线位置	5
	外露长度	+10，0
预埋螺栓	中心线位置	2
	外露长度	+10，0
预留洞	中心线位置	10
	尺寸	+10，0

注：检查中心线位置时，应沿纵、横两个方向量测，并取其中的较大值。

检查数量：在同一检验批内，对梁、柱和独立基础，应抽查构件数量的 10%，且不少于 3 件；对墙和板，应按有代表性的自然间抽查 10%，且不少于 3 间；对大空间结构墙可按相邻轴线间高度 5m 左右划分检查面，其板可按纵、横轴线划分检查面，抽查 10%，且均不少于 3 面。检验方法：用钢尺检查。

10. 现浇结构模板安装的允许偏差及检验方法应符合表 3-2 的规定。检查数量：在同一检验批内，对梁、柱和独立基础，应抽查构件数量的 10%，且不少于 3 件；对墙和板，应按有代表性的自然间抽查 10%，且不少于 3 间；对大空间结构，其墙可按相邻轴线间高度 5m 左右划分检查面，板可按纵、横轴线划分检查面，抽查 10%，且均不少于 3 面。

表 3-2　现浇结构模板安装的允许偏差及检验方法

项目		允许偏差（mm）	检验方法
轴线位置		5	尺量
底模上表面标高		±5	水准仪或拉线、尺量
模板内部尺寸	基础	±10	尺量
	柱、墙、梁	±5	尺量
	楼梯相邻踏步高差	5	尺量
柱、墙垂直度	层高≤6m	8	经纬仪或吊线、尺量
	层高>6m	10	经纬仪或吊线、尺量
相邻模板表面高差		2	尺量
表面平整度		5	2m 靠尺和塞尺量测

注：检查轴线位置当有纵横两个方向时，沿纵、横两个方向量测，并取其中偏差的较大值。

11. 预制构件模板安装的允许偏差及检验方法应符合表 3-3 的规定。检查数量：首次使用及大修后的模板应全数检查；使用中的模板应定期检查，并根据使用情况不定期抽查。

表 3-3　预制构件模板安装的允许偏差及检验方法

宽度	板、墙板	0，−5	尺量两端及中部
	梁、薄腹梁、桁架	+2，−5	取其中较大值
高（厚）度	板	+2，−3	尺量两端及中部，
	墙板	0，−5	取其中较大值
	梁、薄腹梁、桁架、柱	+2，−5	
侧向弯曲	梁、板、柱	$L/1000$ 且≤15	拉线、尺量最大弯曲处
	墙板、薄腹梁、桁架	$L/1500$ 且≤15	
板的表面平整度		3	2m 靠尺和塞尺量测
相邻两板表面高低差		1	尺量
对角线差	板	7	尺量两对角线
	墙板	5	
翘曲	板、墙板	$L/1500$	水平尺在两端量测
设计起拱	薄腹梁、桁架、梁	±3	拉线、尺量跨中

注：L 为构件长度（mm）。

12. 底模及其支架拆除时的混凝土强度应符合设计要求；当设计无具体要求时，底模拆除时的混凝土强度应符合表 3-4 的规定。

表 3-4　底模拆除时的混凝土强度要求

构件类型	构件跨度（m）	达到设计的混凝土立方体抗压强度标准值的百分率（%）
板	≤2	≥50
	>2，≤8	≥75
	>8	≥100
梁、拱、壳	≤8	≥75
	>8	≥100
悬臂构件	—	≥100

检查数量：全数检查。检验方法：检查同条件养护试件强度试验报告。

13. 对后张法预应力混凝土结构构件，侧模宜在预应力张拉前拆除；底模支架的拆除应按施工技术方案执行，当无具体要求时，不应在结构构件建立预应力前拆除。检查数量：全数检查。检验方法：观察。

14. 后浇带模板的拆除和支顶应按施工技术方案执行。检查数量：全数检查。检验方法：观察。

15. 侧模拆除时的混凝土强度应能保证其表面及棱角不受损伤。检查数量：全数检查。检验方法：观察。

16. 模板拆除时，不应对楼层形成冲击荷载。拆除的模板和支架宜分散堆放并及时清运。检查数量：全数检查。检验方法：观察。

3.3 钢筋分项工程

1. 当钢筋的品种、级别或规格需做变更时，应办理设计变更文件。

2. 在浇筑混凝土之前，应进行钢筋隐蔽工程验收，其内容包括：

(1) 纵向受力钢筋的品种、规格、数量、位置等；

(2) 钢筋的连接方式、接头位置、接头数量、接头面积百分率等；

(3) 箍筋和横向钢筋的品种、规格、数量、间距等；

(4) 预埋件的规格、数量、位置等。

3. 钢筋进场时，应按国家现行相关标准的规定抽取试件做力学性能和质量偏差检验，检验结果必须符合有关标准的规定。检查数量：按进场的批次和产品的抽样检验方案确定。检验方法：检查产品合格证、出厂检验报告和进场复验报告。

4. 对有抗震设防要求的结构，其纵向受力钢筋的强度应满足设计要求；当设计无具体要求时，对一、二、三级抗震等级设计的框架和斜撑构件（含梯级）中的纵向受力钢筋应采用 HRB335E、HRB400E、HRB500E、HRBF335E、HRBF400E 或 HRBF500E 钢筋，其强度和最大力下总伸长率的实测值应符合下列规定：

(1) 钢筋的抗拉强度实测值与屈服强度实测值的比值不应小于 1.25；

(2) 钢筋的屈服强度实测值与强度标准值的比值不应大于 1.30；

(3) 钢筋的最大力下总伸长率不应小于 9%。

检查数量：按进场的批次和产品的抽样检验方案确定。

检验方法：检查进场复验报告。

5. 当发现钢筋脆断、焊接性能不良或力学性能显著不正常等现象时，应对该批钢筋进行化学成分检验或其他专项检验。检验方法：检查化学成分等专项检验报告。

6. 钢筋应平直、无损伤，表面不得有裂纹、油污、颗粒状或片状老锈。检查数量：进场时和使用前全数检查。检验方法：观察。

7. 受力钢筋的弯钩和弯折应符合下列规定：

(1) HPB300 级钢筋末端应做 180° 弯钩，其弯弧内直径不应小于钢筋直径的 2.5 倍，弯钩的弯后平直部分长度不应小于钢筋直径的 3 倍；

(2) 当设计要求钢筋末端需做 135° 弯钩时，HRB335 级、HRB400 级钢筋的弯弧内直径不应小于钢筋直径的 4 倍，弯钩的弯后平直部分长度应符合设计要求；

(3) 钢筋做不大于 90° 的弯折时，弯折处的弯弧内直径不应小于钢筋直径的 5 倍。检查数量：按每工作班同一类型钢筋、同一加工设备抽查不应少于 3 件。检验方法：用钢尺检查。

8. 除焊接封闭环式箍筋外，箍筋的末端应做弯钩，弯钩形式应符合设计要求；当设计无具体要求时应符合下列规定：

（1）箍筋弯钩的弯弧内直径除应满足《混凝土结构工程施工质量验收规范》（GB 50204—2015）第5.3.1条的规定外，尚应不小于受力钢筋直径；

（2）箍筋弯钩的弯折角度：对一般结构不应小于90°；对有抗震等要求的结构应为135°；

（3）箍筋弯后平直部分长度：对一般结构不宜小于箍筋直径的5倍，对有抗震等要求的结构不应小于箍筋直径的10倍。检查数量：按每工作班同一类型钢筋、同一加工设备抽查不应少于3件。

检验方法：用钢尺检查。

9. 钢筋调直后应进行力学性能和质量偏差的检验，其强度应符合有关标准的规定。盘卷钢筋和直条钢筋调直后的断后伸长率与质量负偏差应符合表3-5的规定。

表3-5　盘卷钢筋和直条钢筋调直后的断后伸长率与质量负偏差要求

钢筋牌号	断后伸长率 A（%）	质量负偏差（%）		
		直径6～12mm	直径14～20mm	直径22～50mm
HPB300	≥21	≤10	—	
HRB335、HBRF335	≥16	≤8	≤6	≤5
HRB400、HBRF400	≥15			
RRB400	≥13			
HRB500、HBRF500	≥14			

注：1. 断后伸长率 A 的量测标距为5倍钢筋公称直径；

　　2. 质量负偏差（%）按公式 $(W_a-W_0)/W_0×100\%$ 计算，其中 W_0 为钢筋理论质量（kg/m），W_a 为调直后钢筋的实际质量（kg/m）；

　　3. 对直径为28～40mm 的带肋钢筋，表中断后伸长率可降低1%；对直径大于40mm 的带肋钢筋，表中断后伸长率可降低2%。

采用无延伸功能的机械设备调直的钢筋，可不进行本条规定的检验。检验数量：同一厂家、同一牌号、同一规格调直钢筋，质量不大于30t 为一批，每批见证取3件试件。检验方法：3个试件先进行质量偏差检验，再取其中2个试件经时效处理后进行力学性能检验。检验质量偏差时，试件切口应平滑并与长度方向垂直，且长度不应小于500mm；长度和质量的量测精度分别不应低于1mm 和1g。

10. 钢筋宜采用无延伸功能的机械设备进行调直，也可采用冷拉方法调直。当采用冷拉方法调直时，HPB300 光圆钢筋的冷拉率不宜大于4%；HRB335、HRB400、HRB500、HRBF335、HRBF400、HRBF500 及 RRB400 带肋钢筋的冷拉率不宜大于1%。检查数量：每工作班按同一类型钢筋、同一加工设备抽查不应少于3件。检验方法：观察，用钢尺检查。

11. 钢筋加工的形状、尺寸应符合设计要求，其偏差应符合表3-6的规定。检查数量：按每工作班同一类型钢筋、同一加工设备抽查不应少于3件。检验方法：用钢尺检查。

表 3-6 钢筋加工的允许偏差

项目	允许偏差（mm）
受力钢筋长度方向全长的净尺寸	±10
弯起钢筋的弯折位置	±20
箍筋内净尺寸	±5

12. 纵向受力钢筋的连接方式应符合设计要求。检查数量：全数检查。检验方法：观察。

13. 在施工现场应按行业标准《钢筋机械连接技术规程》（JGJ 107—2016）、《钢筋焊接及验收规程》（JGJ 18—2012）的规定，抽取钢筋机械连接接头、焊接接头试件做力学性能检验，其质量应符合有关规程的规定。检查数量：按有关规程确定。检验方法：检查产品合格证、接头力学性能试验报告。

14. 钢筋的接头宜设置在受力较小处。同一纵向受力钢筋不宜设置两个或两个以上接头。接头末端至钢筋弯起点的距离不应小于钢筋直径的 10 倍。检查数量：全数检查。检验方法：观察，用钢尺检查。

15. 在施工现场应按行业标准《钢筋机械连接技术规程》（JGJ 107—2016）、《钢筋焊接及验收规程》（JGJ 18—2012）的规定，对钢筋机械连接接头、焊接接头的外观进行检查，其质量应符合有关规程的规定。检查数量：全数检查。检验方法：观察。

16. 当受力钢筋采用机械连接接头或焊接接头时，设置在同一构件内的接头宜相互错开。纵向受力钢筋机械连接接头及焊接接头连接区段的长度为 $35d$（d 为纵向受力钢筋的较大直径）且不小于 500mm，凡接头中点位于该连接区段长度内的接头，均属于同一连接区段。同一连接区段内，纵向受力钢筋机械连接及焊接的接头面积百分率为该区段内有接头的纵向受力钢筋截面面积与全部纵向受力钢筋截面面积的比值。同一连接区段内，纵向受力钢筋的接头面积百分率应符合设计要求。当设计无具体要求时，应符合下列规定：

（1）在受压区不宜大于 50%；

（2）接头不宜设置在有抗震设防要求的框架梁端、柱端的箍筋加密区；当无法避开时，对等强度高质量机械连接接头不应大于 50%；

（3）直接承受动力荷载的结构构件中，不宜采用焊接接头；当采用机械连接接头时不应大于 50%。检查数量：在同一检验批内，对梁、柱和独立基础，应抽查构件数量的 10%，且不少于 3 件；对墙和板，应按有代表性的自然间抽查 10%，且不少于 3 间；对大空间结构，墙可按相邻轴线间高度 5m 左右划分检查面，板可按纵横轴线划分检查面，抽查 10%，且均不少于 3 面。检验方法：观察，用钢尺检查。

17. 同一构件中相邻纵向受力钢筋的绑扎搭接接头宜相互错开。绑扎搭接接头中钢筋的横向净距不应小于钢筋直径，且不应小于 25mm。钢筋绑扎搭接接头连接区段的长度为 $1.3l_1$（l_1 为搭接长度），凡搭接接头中点位于该连接区段长度内的搭接接头均属于同一连接区段。同一连接区段内，纵向钢筋搭接接头面积百分率为该区段内有搭接接头的纵向受力钢筋截面面积与全部纵向受力钢筋截面面积的比值（图3-1）。同一连接区段内，纵向受拉钢筋搭接接头面积百分率应符合设计要求；当设计无具体要求时，应符合下列规定：

（1）对梁类、板类及墙类构件不宜大于25%；

（2）对柱类构件不宜大于50%；

（3）当工程中确有必要增大接头面积百分率时，对梁类构件不应大于50%，对其他构件可根据实际情况放宽。检查数量：在同一检验批内，对梁、柱和独立基础应抽查构件数量的10%，且不少于3件；对墙和板，应按有代表性的自然间抽查10%，且不少于3件；对大空间结构，墙可按相邻轴线间高度5m左右划分检查面，板可按纵、横轴线划分检查面，抽查10%，且均不少于3面。检验方法：观察，用钢尺检查。

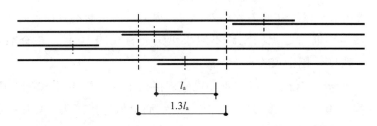

图3-1　钢筋绑扎搭接接头连接区段及接头面积百分率

注：图中所示搭接接头同一连接区段内的搭接钢筋为2根，当各钢筋直径相同时，接头面积百分率为50%。

18. 在梁、柱类构件的纵向受力钢筋搭接长度范围内，应按设计要求配置箍筋。当设计无具体要求时，应符合下列规定：

（1）箍筋直径不应小于搭接钢筋较大直径的0.25倍；

（2）受拉搭接区段的箍筋间距不应大于搭接钢筋较小直径的5倍，且不应大于100mm；

（3）受压搭接区段的箍筋间距不应大于搭接钢筋较小直径的10倍，且不应大于200mm；

（4）当柱中纵向受力钢筋直径大于25mm时，应在搭接接头两个端面外100mm范围内各设置两个箍筋，其间距宜为50mm。检查数量：在同一检验批内，对梁、柱和独立基础，应抽查构件数量的10%，且不少于3件；对墙和板，应按有代表性的自然间抽查10%，且不少于3间；对大空间结构，墙可按相邻轴线间高度5m左右划分检查面，板可按纵、横轴线划分检查面，抽查10%，且均不少于3面。检验方法：用钢尺检查。

19. 钢筋安装时，受力钢筋的品种、级别、规格和数量必须符合设计要求。检查数量：全数检查。检验方法：观察，用钢尺检查。

20. 钢筋安装位置的允许偏差和检验方法应符合表3-7的规定。检查数量：在同一检验批内，对梁、柱和独立基础，应抽查构件数量的 10%，且不少于 3 件；对墙和板，应按有代表性的自然间抽查 10%，且不少于 3 间；对大空间结构，墙可按相邻轴线间高度 5m 左右划分检查面，板可按纵、横轴线划分检查面，抽查 10%，且均不少于 3 面。

表 3-7　钢筋安装位置的允许偏差和检验方法

项目		允许偏差（mm）	检验方法
绑扎钢筋网	长、宽	±10	尺量
	网眼尺寸	±20	尺量连续三档，取最大偏差值
绑扎钢筋骨架	长	±10	尺量
	宽、高	±5	尺量
纵向受力钢筋	锚固长度	−20	尺量
	间距	±10	尺量两端、中间各一点，取最大偏差值
	排距	±5	
纵向受力钢筋、箍筋的混凝土保护层厚度	基础	±10	尺量
	柱、梁	±5	尺量
	板、墙、壳	±3	尺量
绑扎箍筋、横向钢筋间距		±20	尺量连续三档，取最大偏差值
钢筋弯起点位置		20	尺量
预埋件	中心线位置	5	尺量
	水平高差	+3,0	塞尺量测

注：检查中心线位置时，沿纵、横两个方向量测，并取其中偏差的较大值。

3.4　预应力分项工程

1. 后张法预应力工程的施工应由具有相应资质等级的预应力专业施工单位承担。

2. 预应力筋张拉机具设备及仪表，应定期维护和校验。张拉设备应配套标定，并配套使用。张拉设备的标定期限不应超过半年。当在使用过程中出现反常现象时或在千斤顶检修后，应重新标定。

3. 在浇筑混凝土之前，应进行预应力隐蔽工程验收，其内容包括：

（1）预应力筋的品种、规格、数量、位置等；

（2）预应力筋锚具和连接器的品种、规格、数量、位置等；

（3）预留孔道的规格、数量、位置、形状及灌浆孔、排气兼泌水管等；

（4）锚固区局部加强构造等。

4. 预应力筋进场时，应按国家标准《预应力混凝土用钢绞线》（GB/T 5224—2023）等的规定抽取试件做力学性能检验，其质量必须符合有关标准的规定。检查数量：按进场的批次和产品的抽样检验方案确定。检验方法：检查产品合格证、出厂检验报告和进场复验报告。

注：（1）张拉设备标定时，千斤顶活塞的运行方向应与实际张拉工作状态一致；（2）压力表的精度不应低于 1.5 级，标定张拉设备用的试验机或测力计精度不应低于±2％。

5. 无粘结预应力筋的涂包质量应符合行业标准《无粘结预应力钢绞线》（JG/T 161—2016）的规定。检查数量：每 60t 为一批，每批抽取一组试件。检验方法：观察，检查产品合格证、出厂检验报告和进场复验报告。

注：当有工程经验，并经观察认为质量有保证时，可不做油脂用量和护套厚度的进场复验。

6. 预应力筋用锚具、夹具和连接器应按设计要求采用，其性能应符合国家标准《预应力筋用锚具、夹具和连接器》（GB/T 14370—2015）等的规定。检查数量：按进场批次和产品的抽样检验方案确定。检验方法：检查产品合格证、出厂检验报告和进场复验报告。

注：对锚具用量较少的一般工程，如供货方提供有效的试验报告，可不做静载锚固性能试验。

7. 孔道灌浆用水泥应采用普通硅酸盐水泥，其质量应符合国家标准《混凝土结构工程施工质量验收规范》（GB 50204—2015）第 7.2.1 条的规定。孔道灌浆用外加剂的质量应符合国家标准《混凝土结构工程施工质量验收规范》（GB 50204—2015）第 7.2.2 条的规定。检查数量：按进场批次和产品的抽样检验方案确定。检验方法：检查产品合格证、出厂检验报告和进场复验报告。

注：对孔道灌浆用水泥和外加剂用量较少的一般工程，当有可靠依据时，可不做材料性能的进场复验。

8. 预应力筋使用前应进行外观检查，其质量应符合下列要求：

（1）有粘结预应力筋展开后应平顺，不得有弯折，表面不应有裂纹、小刺、机械损伤、氧化和油污等。

（2）无粘结预应力筋护套应光滑、无裂缝、无明显褶皱。

检查数量：全数检查。检验方法：观察。

注：无粘结预应力筋护套轻微破损者应外包防水塑料胶带修补，严重破损者不得使用。

9. 预应力筋用锚具、夹具和连接器使用前应进行外观检查，其表面应无污物、锈蚀、机械损伤和裂纹。检查数量：全数检查。检验方法：观察。

10. 预应力混凝土用金属螺旋管的尺寸和性能应符合行业标准《预应力混凝土用金属波纹管》（JG/T 225—2020）的规定。检查数量：按进场批次和产品的抽样检验方案确定。检验方法：检查产品合格证、出厂检验报告和进场复验报告。

注：对金属螺旋管用量较少的一般工程，当有可靠依据时，可不做径向刚度抗渗漏性能的进场复验。

11. 预应力混凝土用金属螺旋管在使用前应进行外观检查，其内外表面应清洁、无锈蚀，不应有油污、孔洞和不规则的褶皱，咬口不应有开裂或脱扣。检查数量：全数检查。检验方法：观察。

12. 预应力筋安装时其品种、级别、规格、数量必须符合设计要求。检查数量：全数检查。检验方法：观察，用钢尺检查。

13. 先张法预应力筋施工时应选用非油质类模板，刷隔离剂时应避免沾污预应力筋。检查数量：全数检查。检验方法：观察。

14. 施工过程中应避免电火花损伤预应力筋，受损伤的预应力筋应予以更换。检查数量：全数检查。检验方法：观察。

15. 预应力筋下料应符合下列要求：

（1）预应力筋应采用砂轮锯或切断机切断，不得采用电弧切割；

（2）当钢丝束两端采用镦头锚具时，同一束中各根钢丝长度的极差不应大于钢丝长度的 1/5000，且不应大于 5mm。当成组张拉长度不大于 10m 的钢丝时，同组钢丝长度的极差不得大于 2mm。

检查数量：每工作班抽查预应力筋总数的 3％，且不少于 3 束。检验方法：观察，用钢尺检查。

16. 预应力筋端部锚具的制作质量应符合下列要求：

（1）挤压锚具制作时压力表油压应符合操作说明书的规定，挤压后预应力筋外端应露出挤压套筒 1～5mm；

（2）钢绞线压花锚成型时，表面应清洁、无油污，梨形头尺寸和直线段长度应符合设计要求；

（3）钢丝镦头的强度不得低于钢丝强度标准值的 98％。

检查数量：对挤压锚每工作班抽查 5％，且不应少于 5 件；对压花锚，每工作班抽查 3 件；对钢丝镦头强度，每批钢丝检查 6 个镦头试件。检验方法：观察，用钢尺检查，检查镦头强度试验报告。

17. 后张法有粘结预应力筋预留孔道的规格、数量、位置和形状除应符合设计要求外，尚应符合下列规定：

（1）预留孔道的定位应牢固，浇筑混凝土时不应出现移位和变形；

（2）孔道应平顺，端部的预埋锚垫板应垂直于孔道中心线；

（3）成孔用管道应密封良好，接头应严密且不得漏浆；

（4）灌浆孔的间距：对预埋金属螺旋管不宜大于 30m；对抽芯成型孔道不宜大于 12m；

（5）在曲线孔道的曲线波峰部位，应设置排气兼泌水管，必要时可在最低点设置排水孔；

（6）灌浆孔及泌水管的孔径应能保证浆液畅通。

检查数量：全数检查。检验方法：观察，用钢尺检查。

18. 预应力筋束形控制点的竖向位置允许偏差应符合表 3-8 的规定。

表 3-8　预应力筋束形控制点的竖向位置允许偏差

截面高（厚）度（mm）	$h \leqslant 300$	$300 < h \leqslant 1500$	$h > 1500$
允许偏差（mm）	±5	±10	±15

检查数量：在同一检验批内，抽查各类型构件中预应力筋总数的5％，且对各类型构件均不少于5束，每束不应少于5处。检验方法：用钢尺检查。

注：束形控制点的竖向位置偏差合格点率应达到90％及以上，且不得有超过表3-8中数值1.5倍的尺寸偏差。

19. 无粘结预应力筋的铺设应符合下列要求：

(1) 无粘结预应力筋的定位应牢固，浇筑混凝土时不应出现移位和变形；

(2) 端部的预埋锚垫板应垂直于预应力筋；

(3) 内埋式固定端垫板不应重叠，锚具与垫板应贴紧；

(4) 无粘结预应力筋成束布置时，应能保证混凝土密实并能裹住预应力筋；

(5) 无粘结预应力筋的护套应完整，局部破损处应采用防水胶带缠绕紧密。

检查数量：全数检查。检验方法：观察。

20. 浇筑混凝土前穿入孔道的后张法有粘结预应力筋，宜采取防止锈蚀的措施。检查数量：全数检查。检验方法：观察。

21. 预应力筋张拉或放张时，混凝土强度应符合设计要求。当设计无具体要求时，不应低于设计的混凝土立方体抗压强度标准值的75％。检查数量：全数检查。检验方法：检查同条件养护试件试验报告。

22. 预应力筋的张拉力、张拉或放张顺序及张拉工艺应符合设计及施工技术方案的要求，并应符合下列规定：

(1) 当施工需要超张拉时，最大张拉应力不应大于现行国家标准《混凝土结构设计标准》(GB/T 50010) 的规定；

(2) 张拉工艺应能保证同一束中各根预应力筋的应力均匀一致；

(3) 后张法施工中，当预应力筋是逐根或逐束张拉时，应保证各阶段不出现对结构不利的应力状态；同时宜考虑后批张拉预应力筋所产生的结构构件的弹性压缩对先批张拉预应力筋的影响，确定张拉力；

(4) 先张法预应力筋放张时，宜缓慢放松锚固装置，使各根预应力筋同时缓慢放松；

(5) 当采用应力控制方法张拉时，应校核预应力筋的伸长值。实际伸长值与设计计算理论伸长值的相对允许偏差为6％。

检查数量：全数检查。检验方法：检查张拉记录。

23. 预应力筋张拉锚固后实际建立的预应力值与工程设计规定检验值的相对允许偏差为5％。检查数量：对先张法施工，每工作班抽查预应力筋总数的1％，且不少于3根；对后张法施工，在同一检验批内，抽查预应力筋总数的3％，且不少于5束。检验方法：对先张法施工，检查预应力筋应力检测记录；对后张法施工，检查见证张拉记录。

24. 张拉过程中应避免预应力筋断裂或滑脱。当发生断裂或滑脱时，必须符合下列规定：

(1) 对后张法预应力结构构件，断裂或滑脱的数量严禁超过同一截面预应力筋总根数的 3%，且每束钢丝不得超过一根。对多跨双向连续板，其同一截面应按每跨计算。

（2）对先张法预应力构件，在浇筑混凝土前发生断裂或滑脱的预应力筋必须予以更换。

检查数量：全数检查。检验方法：观察，检查张拉记录。

25. 锚固阶段张拉端预应力筋的内缩量应符合设计要求。当设计无具体要求时，应符合表 3-9 的规定。检查数量：每工作班抽查预应力筋总数的 3%，且不少于 3 束。检验方法：用钢尺检查。

表 3-9　张拉端预应力筋的内缩量限值

锚具类别		内缩量限值（mm）
支承式锚具（镦头锚具等）	螺母缝隙	1
	每块后加垫板的缝隙	1
锥塞式锚具		5
夹片式锚具	有预压	5
	无预压	6~8

26. 先张法预应力筋张拉后与设计位置的偏差不得大于 5mm，且不得大于构件截面短边边长的 4%。检查数量：每工作班抽查预应力筋总数的 3%，且不少于 3 束。检验方法：用钢尺检查。

27. 后张法有粘结预应力筋张拉后应尽早进行孔道灌浆，孔道内水泥浆应饱满、密实。检查数量：全数检查。检验方法：观察，检查灌浆记录。

28. 锚具的封闭保护应符合设计要求；当设计无具体要求时，应符合下列规定：

（1）应采取防止锚具腐蚀和遭受机械损伤的有效措施；

（2）凸出式锚固端锚具的保护层厚度不应小于 50mm；

（3）外露预应力筋的保护层厚度：处于正常环境时不应小于 20mm，处于易受腐蚀环境时不应小于 50mm。

检查数量：在同一检验批内，抽查预应力筋总数的 5%，且不少于 5 处。检验方法：观察，用钢尺检查。

29. 后张法预应力筋锚固后的外露部分宜采用机械方法切割，其外露长度不宜小于预应力筋直径的 1.5 倍，且不宜小于 30mm。检查数量：在同一检验批内，抽查预应力筋总数的 3%，且不少于 5 束。检验方法：观察，用钢尺检查。

30. 灌浆用水泥浆的水灰比不应大于 0.45，搅拌后 3h 泌水率不宜大于 2%，且不应大于 3%，泌水应能在 24h 内全部重新被水泥浆吸收。检查数量：同一配合比检查一次。检验方法：检查水泥浆性能试验报告。

31. 灌浆用水泥浆的抗压强度不应小于 $30N/mm^2$。检查数量：每工作班留置一组边长为 70.7mm 的立方体试件。检验方法：检查水泥浆试件强度试验报告。

注：(1) 一组试件由 6 个试件组成，试件应标准养护 28d；(2) 抗压强度为一组试件的平均值，当一组试件中抗压强度最大值或最小值与平均值相差超过 20％时，应取中间 4 个试件强度的平均值。

3.5　混凝土分项工程

1. 结构构件的混凝土强度应按现行国家标准《混凝土强度检验评定标准》(GB/T 50107—2010) 执行。对采用蒸汽法养护的混凝土结构构件，其混凝土试件应先随结构构件同条件蒸汽养护，再转入标准条件养护共 28d，当混凝土中掺用矿物掺和料时，确定混凝土强度时的龄期可按国家标准《粉煤灰混凝土应用技术规范》(GB/T 50146—2014) 等的规定取值。

2. 检验评定混凝土强度用的混凝土试件尺寸及强度的尺寸换算系数应按表 3-10 取用，其标准成型方法、标准养护条件及强度试验方法应符合普通混凝土力学性能要求。

表 3-10　混凝土试件尺寸及强度的尺寸换算系数

骨料最大粒径（mm）	试件尺寸（mm）	强度的尺寸换算系数
≤31.5	100×100×100	0.95
≤40	150×150×150	1.00
≤63	200×200×200	1.05

注：对强度等级为 C60 及以上的混凝土试件，其强度的尺寸换算系数可通过试验确定。

3. 结构构件拆模、出池、出厂、吊装、张拉放张及施工期间临时负荷时的混凝土强度，应根据同条件养护的标准尺寸试件的混凝土强度确定。

4. 当混凝土试件强度评定不合格时，可采用非破损或局部破损的检测方法，按国家现行有关标准的规定对结构构件中的混凝土强度进行推定，并作为处理的依据。

5. 混凝土的冬期施工应符合行业标准《建筑工程冬期施工规程》(JGJ/T 104—2011) 和施工技术方案的规定。

6. 水泥进场时应对其品种、级别、包装或散装仓号、出厂日期等进行检查，并应对其强度、安定性及其他必要的性能指标进行复验，其质量必须符合国家标准《通用硅酸盐水泥》(GB 175—2023) 等的规定。当在使用中对水泥质量有怀疑或水泥出厂超过 3 个月（快硬硅酸盐水泥超过 1 个月）时，应进行复验，并按复验结果使用。钢筋混凝土结构、预应力混凝土结构中，严禁使用含氯化物的水泥。检查数量：按同一生产厂家、同一等级、同一品种、同一批号且连续进场的水泥，袋装不超过 200t 为一批，散装不超过 500t 为一批，每批抽样不少于一次。检验方法：检查产品合格证、出厂检验报告和进场复验报告。

7. 混凝土中掺用外加剂的质量及应用技术应符合国家标准《混凝土外加剂》(GB 8076—2008)、《混凝土外加剂应用技术规范》(GB 50119—2013) 和有关环境保护的规定。预应力混凝土结构中，严禁使用含氯化物的外加剂。钢筋混凝土结构中，当使用含氯化物的外加剂时，混凝土中氯化物的总含量应符合国家标准《混凝土质量控制标准》（GB 50164—2011）的规定。检查数量：按进场的批次和产品的抽样检验方案确定。检验方法：检查产品合格证、出厂检验报告和进场复验报告。

8. 混凝土中氯化物和碱的总含量应符合现行国家标准《混凝土结构设计规范》（GB/T 50010）和设计的要求。检验方法：检查原材料试验报告和氯化物、碱的总含量计算书。

9. 混凝土中掺用矿物掺和料的质量应符合国家标准《用于水泥和混凝土中的粉煤灰》（GB/T 1596—2017）等的规定。矿物掺和料的掺量应通过试验确定。检查数量：按进场的批次和产品的抽样检验方案确定。检验方法：检查出厂合格证和进场复验报告。

10. 普通混凝土所用的粗、细骨料的质量，应符合行业标准《普通混凝土用砂、石质量及检验方法标准》（JGJ 52—2006）的规定。检查数量：按进场的批次和产品的抽样检验方案确定。检验方法：检查进场复验报告。

注：（1）混凝土用的粗骨料最大颗粒粒径不得超过构件截面最小尺寸的1/4，且不得超过钢筋最小净间距的3/4；（2）混凝土实心板骨料最大粒径不宜超过板厚的1/3，且不得超过40mm。

11. 拌制混凝土宜采用饮用水，当采用其他水源时，水质应符合行业标准《混凝土用水标准》（JGJ 63—2006）的规定。检查数量：同一水源检查不应少于一次。检验方法：检查水质试验报告。

12. 混凝土应按行业标准《普通混凝土配合比设计规程》（JGJ 55—2011）的有关规定，根据混凝土强度等级、耐久性和工作性等要求进行配合比设计。对有特殊要求的混凝土，其配合比设计尚应符合国家现行有关标准的专门规定。检验方法：检查配合比设计资料。

13. 首次使用的混凝土配合比应进行开盘鉴定，其工作性应满足设计配合比的要求。开始生产时应至少留置一组标准养护试件，作为验证配合比的依据。检验方法：检查开盘鉴定资料和试件强度试验报告。

14. 混凝土拌制前，应测定砂、石含水率，并根据测试结果调整材料用量，提出施工配合比。检查数量：每工作班检查一次。检验方法：检查含水率测试结果和施工配合比通知单。

15. 结构混凝土的强度等级必须符合设计要求。用于检查结构构件混凝土强度的试件，应在混凝土的浇筑地点随机抽取。取样与试件留置应符合下列规定：

（1）每拌制 100 盘且不超过 100m³ 的同配合比的混凝土，取样不得少于一次；

（2）每工作班拌制的同一配合比的混凝土不足 100 盘时，取样不得少于一次；

（3）当一次连续浇筑超过 1000m³ 时，同一配合比的混凝土每 200m³ 取样不得少于一次；

（4）每一楼层、同一配合比的混凝土，取样不得少于一次；

（5）每次取样应至少留置一组标准养护试件，同条件养护试件的留置组数应根据实际需要确定。

检验方法：检查施工记录及试件强度试验报告。

16. 对有抗渗要求的混凝土结构，其混凝土试件应在浇筑地点随机取样。同一工程、同一配合比的混凝土，取样不应少于一次，留置组数可根据实际需要确定。检验方法：检查试件抗渗试验报告。

17. 混凝土原材料每盘称量的允许偏差应符合表 3-11 的规定。

表 3-11 混凝土原材料每盘称量的允许偏差

材料名称	允许偏差（%）
水泥掺和料	±2
粗细骨料	±3
水、外加剂	±2

注：1. 各种衡器应定期校验，每次使用前应进行零点校核，保持计量准确。

2. 当遇雨天或含水率有显著变化时，应增加含水率检测次数，并及时调整水和骨料的用量。

检查数量：每工作班抽查不应少于一次。检验方法：复称。

18. 混凝土运输、浇筑及间歇的全部时间不应超过混凝土的初凝时间。同一施工段的混凝土应连续浇筑，并应在底层混凝土初凝之前将上一层混凝土浇筑完毕。当底层混凝土初凝后浇筑上一层混凝土时，应按施工技术方案中对施工缝的要求进行处理。检查数量：全数检查。检验方法：观察，检查施工记录。

19. 施工缝的位置应在混凝土浇筑前按设计要求和施工技术方案确定。施工缝的处理应按施工技术方案执行。检查数量：全数检查。检验方法：观察，检查施工记录。

20. 后浇带的留置位置应按设计要求和施工技术方案确定。后浇带混凝土浇筑应按施工技术方案进行。检查数量：全数检查。检验方法：观察，检查施工记录。

21. 混凝土浇筑完毕后应按施工技术方案及时采取有效的养护措施，并应符合下列规定：

（1）应在浇筑完毕后的 12h 以内，对混凝土加以覆盖，并保湿养护；

（2）混凝土浇水养护的时间：对采用硅酸盐水泥、普通硅酸盐水泥或矿渣硅酸盐水泥拌制的混凝土，不得少于 7d；对掺用缓凝型外加剂或有抗渗要求的混凝土，不得少于 14d；

（3）浇水次数应能保持混凝土处于湿润状态，混凝土养护用水应与拌制用水相同；

（4）采用塑料布覆盖养护的混凝土，其敞露的全部表面应覆盖严密，并应保持塑料布内有凝结水；

（5）混凝土强度达到 1.2N/mm² 前，不得在其上踩踏或安装模板及支架。

注：①当日平均气温低于 5℃时不得浇水；②当采用其他品种水泥时，混凝土的养护时间应根据所采用水泥的技术性能确定；③混凝土表面不便浇水或使用塑料布时，宜涂刷养护剂；④对大体积混凝土的养护，应根据气候条件按施工技术方案采取控温措施。

检查数量：全数检查。检验方法：观察，检查施工记录。

3.6 现浇结构分项工程

1. 现浇结构的外观质量缺陷，应由监理（建设）单位、施工单位等各方根据其对结构性能和使用功能影响的严重程度，按表 3-12 确定。

表 3-12 现浇结构外观质量缺陷

名称	现象	严重缺陷	一般缺陷
露筋	构件内钢筋未被混凝土包裹而外露	纵向受力钢筋有露筋	其他钢筋有少量露筋
蜂窝	混凝土表面缺少水泥浆而形成石子外露	构件主要受力部位有蜂窝	其他部位有少量蜂窝
孔洞	混凝土中孔穴深度和长度均超过保护层厚度	构件主要受力部位有孔洞	其他部位有少量孔洞
夹渣	混凝土中夹有杂物且深度超过保护层厚度	构件主要受力部位有夹渣	其他部位有少量夹渣
疏松	混凝土中局部不密实	构件主要受力部位有疏松	其他部位有少量疏松
裂缝	缝隙从混凝土表面延伸至混凝土内部	构件主要受力部位有影响结构性能或使用功能的裂缝	其他部位有少量不影响结构性能或使用功能的裂缝
连接部位缺陷	构件连接处混凝土缺陷及连接钢筋、连接铁件松动	连接部位有影响结构传力性能的缺陷	连接部位有基本不影响结构传力性能的缺陷
外形缺陷	缺棱掉角、棱角不直、翘曲不平、飞出凸肋等	清水混凝土构件内有影响使用功能或装饰效果的外形缺陷	其他混凝土构件有不影响使用功能的外形缺陷
外表缺陷	构件表面麻面、掉皮、起砂沾污等	具有重要装饰效果的清水混凝土构件有外表缺陷	其他混凝土构件有不影响使用功能的外表缺陷

2. 现浇结构拆模后，应由监理（建设）单位、施工单位对外观质量和尺寸偏差进行检查，做出记录，并应及时按施工技术方案对缺陷进行处理。

3. 现浇结构的外观质量不应有严重缺陷。对已经出现的严重缺陷，应由施工单位提出技术处理方案，并经监理（建设）单位认可后进行处理，对经处理的部位，应重新检查验收。检查数量：全数检查。检验方法：观察，检查技术处理方案。

4. 现浇结构的外观质量不宜有一般缺陷。对已经出现的一般缺陷，应由施工单位按技术处理方案进行处理，并重新检查验收。检查数量：全数检查。检验方法：观察，检查技术处理方案。

5. 现浇结构不应有影响结构性能和使用功能的尺寸偏差。混凝土设备基础不应有影响结构性能和设备安装的尺寸偏差。对超过尺寸允许偏差且影响结构性能和安装、使用功能的部位，应由施工单位提出技术处理方案，并经监理（建设）单位认可后进行处理，对经处理的部位，应重新检查验收。检查数量：全数检查。检验方法：量测，检查技术处理方案。

6. 现浇结构和混凝土设备基础尺寸允许偏差和检验方法应符合表 3-13、表 3-14 的规定。检查数量：按楼层、结构缝或施工段划分检验批。在同一检验批内，对梁、柱和独立基础，应抽查构件数量的 10％，且不少于 3 件；对墙和板，应按有代表性的自然间抽查 10％，且不少于 3 间；对大空间结构，墙可按相邻轴线间高度 5m 左右划分检查面，板可按纵、横轴线划分检查面，抽查 10％，且均不少于 3 面；对电梯井应全数检查；对设备基础应全数检查。检验方法：量测检查。

表 3-13　现浇结构尺寸允许偏差和检验方法

项目			允许偏差（mm）	检验方法
轴线位置	整体基础		15	经纬仪及尺量
	独立基础		10	经纬仪及尺量
	柱、墙、梁		8	尺量
垂直度	层高	≤6m	10	经纬仪或吊线、尺量
		>6m	12	经纬仪或吊线、尺量
	全高 H≤300m		$H/30000$ 且＋20	经纬仪、尺量
	全高 H>300m		$H/10000$ 且≤80	经纬仪、尺量
标高	层高		±10	水准仪或拉线、尺量
	全高		±30	水准仪或拉线、尺量
截面尺寸	基础		＋15，−10	尺量
	柱、梁、板、墙		＋10，−5	尺量
	楼梯相邻踏步高差		6	尺量
电梯井	中心位置		10	尺量
	长、宽尺寸		＋25，0	尺量
表面平整度			8	2m 靠尺和塞尺量测
预埋件中心位置	预埋板		10	尺量
	预埋螺栓		5	尺量
	预埋管		5	尺量
	其他		10	尺量
预留洞、孔中心线位置			15	尺量

注：1. 检查轴线、中心线位置时，沿纵、横两个方向测量，并取其中偏差的较大值。
　　2. H 为全高，单位为 mm。

表 3-14　混凝土设备基础尺寸允许偏差和检验方法

项目		允许偏差（mm）	检验方法
坐标位置		20	经纬仪及尺量
不同平面标高		0，−20	水准仪或拉线、尺量
平面外形尺寸		±20	尺量
凸台上平面外形尺寸		0，−20	尺量
凹槽尺寸		＋20，0	尺量
平面水平度	每米	5	水平尺、塞尺量测
	全长	10	水准仪或拉线、尺量

项目		允许偏差（mm）	检验方法
垂直度	每米	5	经纬仪或吊线、尺量
	全高	10	经纬仪或吊线、尺量
预埋地脚螺栓	中心位置	2	尺量
	顶标高	+20，0	水准仪或拉线、尺量
	中心距	±2	尺量
	垂直度	5	吊线、尺量
预埋地脚螺栓孔	中心线位置	10	尺量
	截面尺寸	+20，0	尺量
	深度	+20，0	尺量
	垂直度	$h/100$ 且≤10	吊线、尺量
预埋活动地脚螺栓锚板	中心线位置	5	尺量
	标高	+20，0	水准仪或拉线、尺量
	带槽锚板平整度	5	直尺、塞尺量测
	带螺纹孔锚板平整度	2	直尺、塞尺量测

注：1. 检查坐标、中心线位置时，应沿纵、横两个方向测量，并取其中偏差的较大值。

2. h 为预埋地脚螺栓孔孔深，单位为 mm。

7. 预制构件应进行结构性能检验，结构性能检验不合格的预制构件不得用于混凝土结构。

8. 叠合结构中预制构件的叠合面应符合设计要求。

9. 装配式结构外观质量、尺寸偏差的验收及对缺陷的处理应按《混凝土结构工程施工质量验收规范》（GB 50204—2015）中第 9 章的相应规定执行。

10. 预制构件应在明显部位标明生产单位、构件型号、生产日期和质量验收标志。构件上的预埋件、插筋和预留孔洞的规格、位置和数量应符合标准图或设计的要求。检查数量：全数检查。检验方法：观察。

11. 预制构件的外观质量不应有严重缺陷，对已经出现的严重缺陷，应按技术处理方案进行处理，并重新检查验收。检查数量：全数检查。检验方法：观察，检查技术处理方案。

12. 预制构件不应有影响结构性能和安装、使用功能的尺寸偏差。对超过尺寸允许偏差且影响结构性能和安装、使用功能的部位，应按技术处理方案进行处理，并重新检查验收。检查数量：全数检查。检验方法：量测，检查技术处理方案。

13. 预制构件的外观质量不宜有一般缺陷。对已经出现的一般缺陷，应按技术处理方案进行处理，并重新检查验收。检查数量：全数检查。检验方法：观察，检查技术处理方案。

14. 预制构件尺寸允许偏差和检验方法应符合表 3-15 的规定。检查数量：同一工作班生产的同类型构件，抽查 5% 且不少于 3 件。

表 3-15 预制构件尺寸允许偏差和检验方法

项目	允许偏差（mm）		检验方法
翘曲	楼板	L/750	调平尺在两端量测
	墙板	L/1000	
对角线	楼板	10	尺量两个对角线
	墙板	5	
预留孔	中心线位置	5	尺量
	孔尺寸	±5	
预留洞	中心线位置	10	尺量
	洞口尺寸、深度	±10	
预埋件	预埋板中心线位置	5	尺量
	预埋板与混凝土面平面高差	0，−5	
	预埋螺栓	2	
	预埋螺栓外露长度	−10，−5	
	预埋套筒、螺母中心线位置	2	
	预埋套筒、螺母与混凝土面平面高差	±5	
预留插筋	中心线位置		尺量
	外露长度	+10，−5	
键槽	中心线位置	5	尺量
	长度、宽度	±5	
	深度	±10	

注：1. L 为构件长度，单位为 mm。

2. 检查中心线、螺栓和孔道位置偏差时，沿纵、横两个方向量测，并取其中偏差较大值。

15. 预制构件应按标准图或设计要求的试验参数及检验指标进行结构性能检验。检验内容：对钢筋混凝土构件和允许出现裂缝的预应力混凝土构件进行承载力、挠度和裂缝宽度检验；对不允许出现裂缝的预应力混凝土构件进行承载力、挠度和抗裂检验；对预应力混凝土构件中的非预应力杆件按钢筋混凝土构件的要求进行检验。对设计成熟、生产数量较少的大型构件，当采取加强材料和制作质量检验的措施时，可仅做挠度、抗裂或裂缝宽度检验，当采取上述措施并有可靠的实践经验时，可不做结构性能检验。检验数量：对成批生产的构件，应按同一工艺正常生产的不超过 1000 件且不超过 3 个月的同类产品为一批。当连续检验 10 批且每批的结构性能检验结果均符合《混凝土结构工程施工质量验收规范》（GB 50204—2015）规定的要求时，对同一工艺正常生产的构件，可改为不超过 2000 件且不超过 3 个月的同类型产品为一批，在每批中应随机抽取 1 个构件作为试件进行检验。检验方法：按本章节附录 C 规定的方法采用短期静力加载检验。

注：（1）"加强材料和制作质量检验的措施"包括下列内容：

①钢筋进场检验合格后，在使用前再对用作构件受力主筋的同批钢筋按不超过 5t 抽取一组试件，并经检验合格，对经逐盘检验的预应力钢丝可不再抽样检查；②受力主筋焊接接头的力学性能应按行业标准《钢筋焊接及验收规程》（JGJ 18—2012）检验合格后，再抽取一组试件，并经检验合格；③混凝土按 5m² 且不超过半个工作班生产的相同配合比的混凝土留置一组试件，并经检验合格；④受力主筋焊接接头的外观质量、入模后的主筋保护层厚度、张拉预应力总值和构件的截面尺寸等应逐件检验合格。

（2）"同类型产品"指同一钢种、同一混凝土强度等级、同一生产工艺和同一结构形式的构件。对同类型产品进行抽样检验时，试件宜从设计荷载最大受力、最不利或生产数量最多的构件中抽取。对同类型的其他产品，也应定期进行抽样检验。

16. 预制构件承载力应按下列规定进行检验：

（1）当按现行国家标准《混凝土结构设计规范》（GB 50010—2010）（2015 年局部修订）的规定进行承载力检验时，应符合式（3-1）的要求：

$$\gamma_u^0 \geqslant \gamma_0 [\gamma_u] \tag{3-1}$$

式中　γ_u^0——构件的承载力检验系数实测值，即试件的荷载实测值与荷载设计值（均包括构件自重）的比值；

　　　γ_0——结构重要性系数，按设计要求确定，当无专门要求时取 1.0；

　　$[\gamma_u]$——构件的承载力检验系数允许值，按表 3-16 取用。

表 3-16　构件的承载力检验系数允许值

受力情况	达到承载能力极限状态的检验标志		$[\gamma_u]$
受弯	受拉主筋处的最大裂缝宽度达到 1.5mm；或挠度达到跨度的 1/50	有屈服点热轧钢筋	1.20
		无屈服点钢筋（钢丝、钢绞线、冷加工钢筋、无屈服点热轧钢筋）	1.35
	受压区混凝土破坏	有屈服点热轧钢筋	1.30
		无屈服点钢筋（钢丝、钢绞线、冷加工钢筋、无屈服点热轧钢筋）	1.50
	受拉主筋拉断		1.50
	受变构件的受剪	腹部斜裂达到 1.5mm，或斜裂缝末端受压混凝土剪压破坏	1.40
		沿斜截面混凝土斜压、斜拉破坏；受拉主筋在端部滑脱或其他锚固破坏	1.55
		叠合构件叠合面、接槎处	19

（2）当按构件实配钢筋进行承载力检验时，应符合式（3-2）的要求：

$$\gamma_u^0 \geqslant \gamma_0 \eta [\gamma_u] \tag{3-2}$$

式中 η——构件承载力检验修正系数，根据现行国家标准《混凝土结构设计规范》（GB 50010—2010）按实配钢筋的承载力计算确定。

承载力检验的荷载设计值是指承载能力极限状态下，根据构件设计控制截面上的内力设计值与构件检验的加载方式，经换算后确定的荷载值（包括自重）。

17. 预制构件的挠度应按下列规定进行检验：

（1）当按现行国家标准《混凝土结构设计规范》（GB 50010—2010）（2015 年局部修订）规定的挠度允许值进行检验时应符合公式（3-3）和式（3-4）的要求：

$$a_s^0 \leqslant [a_s] \tag{3-3}$$

$$[a_s] = \frac{M_k}{M_q(\theta - 1) + M_k}[a_f] \tag{3-4}$$

式中 a_s^0——在荷载标准值下的构件挠度实测值；

$[a_s]$——挠度检验允许值；

$[a_f]$——受弯构件的挠度限值，按现行国家标准《混凝土结构设计规范》（GB 50010—2010）确定

M_k——按荷载标准组合计算的弯矩值；

M_q——按荷载准永久组合计算的弯矩值；

θ——考虑荷载长期作用对挠度增大的影响系数，按现行国家标准《混凝土结构设计规范》（GB 50010—2010）确定。

（2）当按构件实配钢筋进行挠度检验或仅检验构件的挠度、抗裂或裂缝宽度时，应符合公式（3-5）的要求：

$$a_s^0 \leqslant 1.2 a_s^c \tag{3-5}$$

式中 a_s^c——在荷载标准值下按实配钢筋确定的构件挠度计算值，按国家标准《混凝土结构设计规范》（GB 50010—2010）（2015 年局部修订）确定。

正常使用极限状态检验的荷载标准值是指正常使用极限状态下，根据构件设计控制截面上的荷载标准组合效应与构件检验的加载方式，经换算后确定的荷载值。

注：直接承受重复荷载的混凝土受弯构件，当进行短期静力加荷试验时，a 值应按正常使用极限状态下静力荷载标准组合相应的刚度值确定。

18. 预制构件的抗裂检验应符合式（3-6）和式（3-7）的要求：

$$\gamma_{cr}^0 \geqslant [\gamma_{cr}] \tag{3-6}$$

$$[\gamma_{cr}] = 0.95 \frac{\sigma_{pc} + \gamma f_{tk}}{\sigma_{ck}} \tag{3-7}$$

式中 γ_{cr}^0——构件的抗裂检验系数实测值，即试件的开裂荷载实测值与荷载标准值（均包括自重）的比值；

$[\gamma_{cr}]$——构件的抗裂检验系数允许值；

σ_{pc}——由预加力产生的构件抗拉边缘混凝土法向应力值，按现行国家标准《混凝土结构设计规范》（GB 50010—2010）（2015 年局部修订）确定；

γ——混凝土构件截面抵抗矩塑性影响系数，按现行国家标准《混凝土结构设计规范》（GB 50010—2010）（2015 年局部修订）确定；

f_{tk}——混凝土抗拉强度标准值；

σ_{ck}——由荷载标准值产生的构件抗拉边缘混凝土法向应力值，按国家标准《混凝土结构设计规范》（GB 50010—2010）（2015 年局部修订）确定。

19. 预制构件的裂缝宽度检验应符合式（3-8）的要求：

$$\omega_{s,max}^0 \leqslant [\omega_{max}] \qquad (3-8)$$

式中 $\omega_{s,max}^0$——在荷载标准值下，受拉主筋处的最大裂缝宽度实测值（mm）；

$[\omega_{max}]$——构件检验的最大裂缝宽度允许值，按表 3-17 取用（mm）。

表 3-17 构件检验的最大裂缝宽度允许值（mm）

设计要求的最大裂缝宽度限值	0.1	0.2	0.3	0.4
$[W_{max}]$	0.07	0.15	0.20	0.25

20. 预制构件结构性能的检验结果应按下列规定验收：

（1）当试件结构性能的全部检验结果均符合《混凝土结构工程施工质量验收规范》（GB 50204—2015）第 B.1.1 条～第 B.1.5 条的检验要求时，该批构件的结构性能应通过验收；

（2）当第一个试件的检验结果不能全部符合上述要求，但又能符合第二次检验的要求时，可再抽两个试件进行检验，第二次检验的指标，对承载力及抗裂检验系数的允许值应取《混凝土结构工程施工质量验收规范》（GB 50204—2015）第 B.1.1 条和第 B.1.4 条规定的允许值减 0.05，对挠度的允许值应取《混凝土结构工程施工质量验收规范》（GB 50204—2015）第 B.1.3 条规定允许值的 1.10 倍，当第二次抽取的两个试件的全部检验结果均符合第二次检验的要求时，该批构件的结构性能可通过验收；

（3）当第二次抽取的第一个试件的全部检验结果均已符合《混凝土结构工程施工质量验收规范》（GB 50204—2015）第 B.1.1 条～第 B.1.5 条的要求时，该批构件的结构性能可通过验收。

21. 进入现场的预制构件其外观质量尺寸偏差及结构性能应符合标准图或设计的要求。检查数量：按批检查。检验方法：检查构件合格证。

22. 预制构件与结构之间的连接应符合设计要求，连接处钢筋或埋件采用焊接或机械连接时接头质量应符合行业标准《钢筋焊接及验收规程》（JGJ 18—2012）、《钢筋机械连接技术规程》（JGJ 107—2016）的要求。检查数量：全数检查。检验方法：观察，检查施工记录。

23. 承受内力的接头和拼缝，当其混凝土强度未达到设计要求时，不得吊装上一层结构构件，当设计无具体要求时，应在混凝土强度不小于 10N/mm² 或具有足够的支承时方可吊装上一层结构构件，已安装完毕的装配式结构应在混凝土强度达到设计要求后，方可承受全部设计荷载。检查数量：全数检查。检验方法：检查施工记录及试件强度试验报告。

24．预制构件码放和运输时的支承位置和方法应符合标准图或设计的要求。检查数量：全数检查。检验方法：观察。

25．预制构件吊装前应按设计要求，在构件和相应的支承结构上标注中心线、标高等控制尺寸，按标准图或设计文件校核预埋件及连接钢筋等并做出标志。检查数量：全数检查。检验方法：观察，用钢尺检查。

26．预制构件应按标准图或设计的要求吊装，起吊时绳索与构件水平面的夹角不宜小于45°，否则应采用吊架或经验算确定。检查数量：全数检查。检验方法：观察。

27．预制构件安装就位后，应采取保证构件稳定的临时固定措施，并应根据水准点和轴线校正位置。检查数量：全数检查。检验方法：观察，用钢尺检查。

28．装配式结构中的接头和拼缝应符合设计要求，当设计无具体要求时，应符合下列规定：

（1）对承受内力的接头和拼缝，应采用混凝土浇筑，其强度等级应比构件混凝土强度等级提高一级；

（2）对不承受内力的接头和拼缝，应采用混凝土或砂浆浇筑，其强度等级不应低于C15或M15；

（3）用于接头和拼缝的混凝土或砂浆，宜采取微膨胀措施和快硬措施，在浇筑过程中应振捣密实，并应采取必要的养护措施。

检查数量：全数检查。检验方法：检查施工记录及试件强度试验报告。

3.7　混凝土结构子分部工程

1．对涉及混凝土结构安全的重要部位，应进行结构实体检验，结构实体检验应在监理工程师（建设单位项目专业技术负责人）见证下，由施工项目技术负责人组织实施，承担结构实体检验的试验室应具有相应的资质。

2．结构实体检验的内容应包括混凝土强度、钢筋保护层厚度以及工程合同约定的项目，必要时可检验其他项目。

3．对混凝土强度的检验，应以在混凝土浇筑地点制备并与结构实体同条件养护的试件强度为依据。混凝土强度检验用同条件养护试件的留置、养护和强度代表值应符合《混凝土结构工程施工质量验收规范》（GB 50204—2015）附录C的规定。对混凝土强度的检验，也可根据合同的约定，采用非破损或局部破损的检测方法，按国家现行有关标准的规定进行。

4．当同条件养护试件强度的检验结果符合国家标准《混凝土强度检验评定标准》

（GB/T 50107—2010）的有关规定时，混凝土强度应判为合格。

5. 对钢筋保护层厚度的检验，抽样数量、检验方法、允许偏差和合格条件应符合《混凝土结构工程施工质量验收规范》（GB 50204—2015）附录 E 的规定。

6. 当未能取得同条件养护试件强度，同条件养护试件强度被判为不合格或钢筋保护层厚度不满足要求时，应委托具有相应资质等级的检测机构，按国家有关标准的规定进行检测。

7. 混凝土结构子分部工程施工质量验收时应提供下列文件和记录：

（1）设计变更文件；

（2）原材料出厂合格证和进场复验报告；

（3）钢筋接头的试验报告；

（4）混凝土工程施工记录；

（5）混凝土试件的性能试验报告；

（6）装配式结构预制构件的合格证和安装验收记录；

（7）预应力筋用锚具、连接器的合格证和进场复验报告；

（8）预应力筋安装、张拉及灌浆记录；

（9）隐蔽工程验收记录；

（10）分项工程验收记录；

（11）混凝土结构实体检验记录；

（12）工程的重大质量问题的处理方案和验收记录；

（13）其他必要的文件和记录。

8. 混凝土结构子分部工程施工质量验收合格应符合下列规定：

（1）有关分项工程施工质量验收合格；

（2）应有完整的质量控制资料；

（3）观感质量验收合格；

（4）结构实体检验结果满足《混凝土结构工程施工质量验收规范》（GB 50204—2015）的要求。

9. 当混凝土结构施工质量不符合要求时应按下列规定进行处理：

（1）经返工返修或更换构件部件的检验批，应重新进行验收；

（2）经有资质的检测单位检测鉴定，达到设计要求的检验批，应予以验收；

（3）经有资质的检测单位检测鉴定，达不到设计要求，但经原设计单位核算，并确认仍可满足结构安全和使用功能的检验批，可予以验收；

（4）经返修或加固处理，能够满足结构安全使用要求的分项工程，可根据技术处理方案和协商文件进行验收。

10. 混凝土结构工程子分部工程施工质量验收合格后，应将所有的验收文件存档备案（表 3-18～表 3-20）。

表 3-18 检验批质量验收记录

单位（子单位）工程名称			分部（子分部）工程名称			分项工程名称		
施工单位			项目负责人		检验批容量			
分包单位			分包单位项目负责人		检验批部位			
施工依据				验收依据				

验收项目		设计要求及规范规定	样本总数	最小/实际抽样数量	检查记录	检查结果
主控项目	1					
	2					
	3					
	4					
	5					
	6					
	7					
	8					
一般项目	1					
	2					
	3					
	4					
	5					

施工单位检查结果	专业工长： 项目专业质量检查员： 年　月　日
监理单位验收结论	专业监理工程师： 年　月　日

表 3-19　分项工程质量验收记录

单位（子单位）工程名称			分部（子分部）工程名称			
分项工程数量			检验批数量			
施工单位			项目负责人		项目技术负责人	
分包单位			分包单位项目负责人		分包内容	

序号	检验批名称	检验批容量	部位/区段	施工单位检查结果	监理单位验收结论
1					
2					
3					
4					
5					
6					
7					
8					
9					
10					
11					
12					
13					
14					
15					

施工单位检查结果	项目专业技术负责人： 年　月　日
监理单位验收结论	专业监理工程师： 年　月　日

说明：

表 3-20 混凝土结构子分部工程质量验收记录

编号：

单位（子单位）工程名称				分项工程数量	
施工单位		项目负责人		技术（质量）负责人	
分包单位		分包单位负责人		分包内容	

序号	分项工程名称	检验批数量	施工单位检查结果	监理单位验收结论
1	钢筋分项工程			
2	预应力分项工程			
3	混凝土分项工程			
4	现浇结构分项工程			
5	装配式结构分项工程			
	质量控制资料			
	结构实体检验报告			
	观感质量检验结果			
综合验收结论				

施工单位 项目负责人：	设计单位 项目负责人：	监理单位 总监理工程师：
年 月 日	年 月 日	年 月 日

3.8　质量缺陷的防治

3.8.1　钢结构专篇

1. 焊接顺序不当的防治

钢柱焊接应采用对称式焊接；钢梁焊接应先焊钢梁的一端，待此部位焊缝冷却至常温，再焊另一端，不可在同一根钢梁两端同时开焊。

2. 高强螺栓施拧顺序不当的防治

紧固件的连接，一般按照由中心到四周的顺序进行施拧，特殊节点施拧顺序特殊处理。

3. 钢材存放不当的防治

（1）钢零部件加工按要求在底层加设垫木或石块等离地防潮；

（2）要求标识钢材信息，特殊要求按相关程序执行；

（3）用钢材时应有序翻找，避免摆放杂乱、钢板变形。

4. 垂直度超差的防治

（1）单层、多层及高层钢结构安装加强构件进场验收，构件安装从角柱向中间顺序进行；

（2）焊接过程采取合理的焊接顺序，避免因焊接应力导致钢柱垂直度偏差，必要时采取防变形措施限制焊接变形；

（3）单节钢柱垂直度允许偏差 $h/1000$，且不应大于 10mm。

5. 压型金属板与钢梁顶面接触不紧密的防治

（1）压型金属板施工前应对钢梁顶面吊耳等杂物进行清理；

（2）钢梁顶面应保持清洁，压型金属板与钢梁顶面的间隙应控制在 1mm 以内。

6. 漆膜厚度超标的防治

（1）防腐涂料涂装前清理构件表面灰尘、杂质，涂料充分搅拌均匀；

（2）涂装过程中用湿膜测厚仪控制湿膜厚度；油漆全干后进行干膜厚度的测量；

（3）漆膜厚度符合设计要求，负偏差不大于 $25\mu m$。

3.8.2　装配式建筑专篇

1. 粗糙面不符合要求的防治

预制构件与现浇混凝土结合部位预制构件与后浇混凝土、灌浆料、坐浆料的结合面应设置粗糙面，应均匀涂刷混凝土界面剂，涂刷厚度必须符合厂家技术指标要求，并按要求冲洗。

2. 预制构件连接钢筋偏位的防治

（1）预制剪力墙、预制柱、预制梁等构件连接钢筋对转换层连接部位，深化设计时应考虑套筒壁厚及预制构件混凝土保护层厚度高于现浇构件等因素，提前调整下部钢筋定位，保证现浇部分钢筋与套筒上下对应；

（2）深化设计时，应考虑梁柱钢筋碰撞情况，适当增减梁截面大小以消除钢筋碰撞现象；

（3）构件生产时严格按设计文件验收模具尺寸，采用定制橡胶圈固定外伸钢筋，混凝土浇筑完成后再逐个将橡胶圈从钢筋上取下；

（4）转换层现浇墙柱竖向钢筋采用梯子筋加固，上部伸出钢筋设置钢筋定位装置。

3. 预制墙板安装偏位的防治

（1）预制墙板部位安装前，弹出构件建筑一米线、构件定位边线及 300mm 控制线，严格按墙体控制线和定位边线进行控制；

（2）每块预制墙板临时斜撑不少于 2 道，预制墙板校核调整合格后应锁紧固定支撑；

（3）加强预制墙板现场安装过程质量检查验收，每块墙板吊装完成后须复核，每个楼层墙板吊装完成后须统一复核。

4. 灌浆不密实的防治

（1）预制墙体底部水平缝及套筒灌浆深化设计时，灌浆套筒内径大于钢筋外径不小于 15mm，保证预留钢筋在灌浆套筒内有活动空间；

（2）预制构件出厂前需对灌浆套筒进行通过性试验，在钢筋伸入一端灌水，出浆孔应呈柱状稳定水流；灌浆施工前需对灌浆孔进行除尘、润湿，去除浮水后方可进行灌浆；

（3）使用压力注浆机，每个灌浆分区应一次连续灌满，出浆口浆液呈线状流出时应及时封堵。

5. 预埋件、预埋线盒及预埋管线偏位或遗漏的防治

（1）墙、楼板应提前确定后期的全装修点位以及机电预埋、放线洞、水电留洞等，定位必须准确无误；预埋件、预埋线盒及预埋管线必须按图施工，不得遗漏；

（2）预埋件、预埋线盒及预埋管线必须有可靠的固定措施，混凝土浇筑过程中应避免振捣棒碰撞预埋件、预埋线盒及预埋管线造成移位。

6. 预制外墙渗漏的防治

（1）预制外墙门窗若采用预留钢附框、预留企口的安装方式，窗框下槛应设置内外高差，窗框内外侧应采用耐候性能强的聚氨酯密封胶或硅酮改性聚醚胶密封；

（2）预制外挂墙板上下层预制外墙板之间的横向接缝设置内外高低差和空腔，以利于排水，接缝内侧、外侧设置两道防水。

7. 叠合板裂缝的防治

（1）叠合板多层叠放时，每层构件间的垫块应上下对齐。对于非预应力叠合板，长边长度不超过 4.5m 时，应设置两条木枋作为支撑，木枋应设置在距离端部 1/4 处；

叠合板长边长度超过 4.5m 时，应在中部增设一道支撑。

（2）严禁在叠合板上放置重物及其他动荷载。

（3）对于密拼的预应力叠合板，在现浇层拼缝处设置横向抗裂钢筋，钢筋按照构造钢筋设置。

（4）模板支撑、起拱以及拆模进行严格控制，以防叠合楼板安装后楼板产生裂缝，在叠合位置使用 C 槽模板，预制楼板直接放在 C 槽模板。

8. 叠合板漏浆、不均匀变形的防治

（1）叠合楼板底面与模板交接处贴双面胶，以防止漏浆；

（2）对于密拼型叠合板，设计时宜考虑叠合板不均匀变形，在拼缝边缘设置 A 型拼缝缺口，能够有效地避免少量不均匀变形产生观感问题。

3.8.3　防渗漏专篇

1. 屋面渗漏的防治

（1）屋面变形缝处防水层应为卷材并应增设附加层，应在接缝处留成 U 形槽，并用衬垫材料填好，确保当变形缝产生变形时卷材不被拉断；

（2）屋面变形缝泛水处的防水层应和变形缝处的防水层重叠搭接做好收头处理，做好盖板和滴水处理，高低跨变形缝在立面墙泛水处应选用变形能力强、抗拉强度好的材料和构造进行密封处理，并覆盖金属盖板；

（3）在屋面各道防水层或隔气层施工时，伸出屋面管道、井（烟）道及高出屋面的结构处均应用柔性防水材料做泛水，其高度不小于 250mm（管道泛水不小于 300mm）；最后一道泛水材料应采用卷材，并用管箍或压条将卷材上口压紧，再用密封材料封口。

2. 外墙渗漏的防治

（1）空调板、雨篷等部位上口的墙体应设置混凝土防水翻边，防水翻边高度应不小于 100mm，并与上述构件整浇，且对上述部位应进行防水节点设计。

（2）设计无要求时，外墙干挂饰面板应采用中性硅酮耐候密封胶嵌缝，嵌缝深度不应小于 3mm。预埋件、连接件处应进行防水、防腐处理。

（3）外墙铝合金窗下框必须有泄水构造；结构施工时门窗洞口每边留设的尺寸宜比窗框每边小 20mm，采用聚氨酯 PU 发泡胶填塞密实；宜在交界处贴高分子自粘型接缝带进行密封处理。

（4）对铝合金窗框的榫接、铆接、滑撑、方槽、螺钉等部位，以及组合窗拼樘杆件两侧的缝隙，均应用防水玻璃硅胶密封严实。

3. 外墙螺杆洞封堵渗漏的防治

外墙螺杆洞封堵应用冲击钻将墙内的 PVC 管剔除、清理干净，孔眼周边残余灰浆清理，将外孔尽量扩成 20mm 深喇叭口形；用水泥砂浆在内墙初步封堵，等凝固后开始封堵外墙孔洞；外墙使用喷壶进行喷水润湿，使螺栓孔周围保持湿润，从外墙由外向内用铁抹子将膨胀水泥砂浆（膨胀剂掺量为水泥用量的 4％～5％）抹到螺栓孔，多次填塞捣实后抹平压光；待凝固后以外墙螺栓洞口为中心，涂刷水泥基防水涂料，厚度 1.5mm、直径 150mm。

4. 管根渗水的防治

（1）厨房、卫生间管道穿墙处穿楼板的套管与管道之间缝隙应用阻燃密实材料和防水油膏填实，厨卫间地面管道边做防水附加层，墙身阴阳角做圆弧处理。

（2）在管道穿过楼板面四周，防水材料应向上铺涂，并超过套管的上口。在靠近墙面处，应高出面层 200～300mm 或按设计要求的高度铺涂；阴阳角和管道穿过楼板面的根部应增加铺涂防水附加层。

（3）有防火要求的穿墙管道间隙采用防火泥封堵。

5. 底板、墙面、墙根、门槛渗漏的防治

（1）厨卫间四周墙面应做高出地面 200mm 的 C20 细石混凝土坎台。

（2）地面防水层上翻高度应不小于 300mm，与墙面防水层搭接宽度应不小于 100mm；落水口、管根部地面与墙面转角处找平层应做圆弧，并做 300mm 宽涂膜附加层增强措施。增强处厚度不小于 2mm。

（3）采用聚合物水泥砂浆满浆铺贴地面砖。

（4）防水层施工时，应做基层处理，保持基层平整、干净、干燥，严禁用干硬性砂浆做找平层铺贴地砖。确保防水层与基层的黏接牢固，并保证涂膜防水层的厚度。

6. 地下室底板渗漏的防治

（1）地下室底板在条件许可时，应设计外防水层。地下水应降至基坑底 500mm 以下，如不符合要求，应在垫层下设置盲沟排水，确保垫层面无明水。

（2）根据基坑环境条件，选择适宜施工的防水材料。基面干净、平整、干燥时可选择聚氨酯防水涂料或自粘防水卷材。基面潮湿可选择湿铺防水卷材或高分子自粘胶膜防水卷材（预铺反粘法施工）。

（3）防水卷材要确保搭接宽度符合规范要求（80～100mm），施工涂料防水层时要确保涂层厚度满足设计要求；在转角处、施工缝等部位，卷材要铺贴宽度不小于 500mm 的加强层，涂料要增加宽度不小于 500mm 的胎体增强材料和涂料。

（4）浇筑底板混凝土前，清干净基面杂物和积水，基面不得有明水。

（5）当承台底板为大体积混凝土时，按大体积混凝土设计配合比，并采取有效测温、控温措施，严控混凝土内外温差。

7. 地下室后浇带渗漏的防治

（1）后浇带混凝土采用补偿收缩混凝土，强度提高一级，确保养护时间不少于 28d；

（2）后浇带两侧有差异沉降时，沉降稳定后再浇筑后浇带混凝土。

8. 混凝土施工缝渗漏的防治

由于混凝土在施工缝处比较松散，而且骨料相对比较集中，因此很容易出现渗漏水病害。其原因主要表现在以下几个方面：施工缝预留位置存在问题，即将施工缝预留在混凝土的底板处，或者在墙上留有一定宽度的垂直施工缝；绑钢筋或支模过程中，由于锯末以及铁钉等物体不注意掉入施工缝中而没有清理，将混凝土浇筑以后，新旧混凝土之间就会形成一道夹层。当浇筑混凝土时，如果没有事先在施工缝中铺设一层水泥砂浆或者水泥浆，上下两层的混凝土也很难牢固地黏结在一起。如果钢筋的铺设过密，或者内外两道模板之间的距离过于狭窄，则混凝土的浇筑将变得更加困难，骨料多集中在施工缝处，因此很难保证施工的质量。

施工缝是建筑工程尤其是混凝土施工过程中比较薄弱的部位，因此施工缝应尽量不留或者少留。对底板使用混凝土进行浇筑时，应当保持连续性，杜绝施工缝的存在。如果底板和墙体之间难以除掉施工缝，那么应当将施工缝留在墙体之上，最好高出底板表面 20cm。需要注意的是，墙体上不可以留下垂直方向上的施工缝，即便难以避免，也应当与变形缝相互统一起来。在处理施工缝时，最重要的就是将上下两层建筑的混凝土黏结密实，从而阻隔地下水渗漏。同时还要注意清理施工缝，将浮粒及杂物清理掉，并用钢丝刷或者剁斧打毛陈旧混凝土表面，并用清水冲刷干净。先浇上一层和混凝土中的灰砂比一样的水泥砂浆，之后再在其上层浇筑混凝土。对施工缝处的混凝土进行振捣，并保证混凝土捣固的密实度。施工缝最好不要采用平口缝，而是要采用不同的企口缝，这样可以有效地延长渗水的路线。在钢筋布置设计与墙体厚度设计时，一定要充分考虑施工过程的方便性，这对保证施工的质量非常重要。根据建筑工程施工缝的渗漏情况以及水压的大小，可利用促凝胶浆或者氰凝灌浆方法进行堵漏。对于还没有出现渗漏现象的施工缝，应当沿着该施工缝凿成"八"字形的凹槽，如果有松散的部位，一定要将松散的砂石进行剔除，冲刷干净以后，再用水泥素浆进行打底，最后抹上适当比例的水泥砂浆进行找平和压实。顶板后浇带混凝土施工后，减少裸露时间，尽快完成防水层及上部构造层和覆土层，降低结构温度变形开裂风险。

3.8.4 地下室侧墙渗漏防治技术

1. 地下室墙在保证配筋率的情况下，水平筋应尽量采用小直径、小间距的配筋方式，侧墙严格按 30～40m 设置一道后浇带，后浇带宽度宜为 700～1000mm。

2. 优化混凝土配合比，控制砂、石的含泥量，石子宜用 10～30mm 连续级配的碎石，砂宜用细度模数 2.6～2.8 的中粗砂，控制混凝土坍落度，宜为 130～150mm。

3. 固定模板用的螺栓采用止水螺栓，拆模后对螺杆孔用防水砂浆补实。

4. 地下室侧墙防水应设在迎水面，做柔性防水层，以适应侧墙的变形和裂缝。

3.8.5 地下室顶板渗漏的防治

1. 顶板混凝土强度未达到设计值时，不应过早作为施工场地，堆载不应过重。

2. 顶板后浇带混凝土浇筑后，应及时施工防水层及上部构造层加以保护。

3. 种植顶板增加一道与其下层普通防水层材性相容的耐根穿刺防水层。

4. 防水层施工前和施工后，分别对结构基层和防水层做 24h（种植顶板 48h）蓄水试验，每层均不渗漏后才进行下道工序。

5. 防水涂料施工前，基面修补平顺，基面干净、干燥后才施工，施工时应确保涂层厚度符合设计及规范要求。

6. 防水卷材施工前，湿铺卷材基面层应干净无明水，自粘卷材基面应平顺、干燥、干净。施工时应确保搭接宽度符合要求，粘贴牢固密实，无气泡。

7. 转角处、管道穿板处、雨水口等细部采取防水加强措施，与墙、柱交接处，防水层上翻至地面以上不小于 500mm。

8. 防水层施工后及时施工保护层及上部构造层，防水层损伤要及时修补。

3.8.6　门窗工程渗漏的防治

1. 加气混凝土等轻质砌块墙体上的门窗洞口周边应预埋用于门窗连接的混凝土预制块或设置钢筋混凝土门窗框，不得将门窗直接固定在轻质砌块墙体上。

2. 门窗洞口应干净干燥后施打发泡剂，发泡剂应连续施打，一次成型，充填饱满，溢出门窗框外的发泡剂应在结膜前塞入缝隙内，防止发泡剂外膜破损。

3. 门窗设计应当明确抗风压性能、气密性能、水密性能和保温性能四项指标，门窗安装前应进行四项性能的见证取样检测；外门窗安装施工完毕后，应做淋水试验。

3.8.7　楼地面渗漏防治技术

1. 卫生间、浴室和设有配水点的封闭阳台等墙面应设置防水层，防水层高度不应小于 1200mm，花洒所在及其邻近墙面防水层高度不应小于 2000mm，其他有防水要求的楼地面，防水层高度不应小于 300mm。

2. 烟道根部向上 300mm 的范围内宜采用聚合物防水砂浆粉刷，或采用柔性防水层。

4 砌 体 工 程

4.1 基本规定

1. 砌体结构工程所用的材料应有产品合格证书、产品性能型号检验报告，质量应符合国家现行有关标准的要求。块体、水泥、钢筋、外加剂尚应有材料主要性能的进场复验报告，并应符合设计要求。严禁使用国家明令淘汰的材料。

2. 砌体结构工程施工前，应编制砌体结构工程施工方案。

3. 伸缩缝、沉降缝、防震缝中的模板应拆除干净，不得夹有砂浆、块体及碎渣等杂物。

4. 砌筑顺序应符合下列规定：

（1）基底标高不同时，应从低处砌起，并应由高处向低处搭砌。当设计无要求时，搭接长度 L 不应小于基础底的高差 H，搭接长度范围内下层基础应扩大砌筑（图 4-1）。

（2）砌体的转角处和交接处应同时砌筑，当不能同时砌筑时，应按规定留槎、接槎。

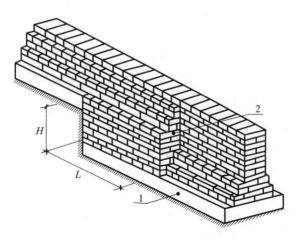

图 4-1　基底标高不同时的搭砌示意图（条形基础）

1—混凝土垫层；2—基础扩大部分

（3）在墙上留置临时施工洞口，其侧边离交接处墙面不应小于 500mm，洞口净宽度不应超过 1m。抗震设防烈度为 9 度，地区建筑物的临时施工洞口位置，应会同设计单位确定，临时施工洞口应做好补砌。

5. 脚手眼补砌时，应清除脚手眼内掉落的砂浆、灰尘；脚手眼处砖及填塞用砖应湿润，并应填实砂浆。

6. 验收砌体结构工程检验批时，其主控项目应全部符合《砌体结构工程施工质量验收规范》（GB 50203—2011）的规定，一般项目应有 80％及以上的抽检处符合该标准的规定。有允许偏差的项目，最大超差值为允许偏差值的 1.5 倍。

4.2　砌筑砂浆

1. 水泥使用应符合下列规定：

（1）水泥进场时应对其品种、等级、包装或散装仓号、出厂日期等进行检查，并应对其强度、安定性进行复验，其质量必须符合国家标准《通用硅酸盐水泥》（GB 175）的有关规定；

（2）当在使用中对水泥质量有怀疑或水泥出厂超过 3 个月（快硬硅酸盐水泥超过 1 个月）时，应复查试验，并按复验结果使用；

（3）不同品种的水泥不得混合使用。

抽检数量：按同一生产厂家、同品种、同等级、同批号连续进场的水泥，袋装水泥不超过 200t 为一批，散装水泥不超过 500t 为一批，每批抽样不少于 1 次。检验方法：检查产品合格证、出厂检验报告和进场复验报告。

2. 在砂浆中掺入的砌筑砂浆增塑剂、早强剂、缓凝剂、防冻剂、防水剂等砂浆外加剂，其品种和用量应经有资质的检测单位检验和试配确定。试配符合要求后，方可使用。有机塑化剂应有砌体强度的型式检验报告，严禁掺入石灰。所用外加剂的技术性能应符合国家有关标准《砌筑砂浆增塑剂》（JG/T 164—2004）、《混凝土外加剂》（GB 8076—2008）、《砂浆、混凝土防水剂》（JC 474—2008）的质量要求。

3. 砌筑砂浆应采用机械搅拌，自投完料算起，搅拌时间应符合下列规定：

（1）水泥砂浆和水泥混合砂浆不得少于 2min。

（2）水泥粉煤灰砂浆和掺用外加剂的砂浆不得少于 3min。

（3）掺用有机塑化剂的砂浆应为 3～5min。

4. 砂浆应随拌随用，水泥砂浆和水泥混合砂浆应分别在 3h 和 4h 内使用完毕；当施工期间最高气温超过 30℃时，应分别在拌成后 2h 和 3h 内使用完毕。

注：对掺用缓凝剂的砂浆，其使用时间可根据具体情况延长。

5. 在验收砌筑砂浆试块强度时，其强度合格标准应符合下列规定：

（1）同一验收批砂浆试块强度平均值应大于或等于设计强度等级值的 1.10 倍。

（2）同一验收批砂浆试块抗压强度的最小一组平均值应大于或等于设计强度等级值的 85％。

注：砌筑砂浆的验收批，同一类型、同一强度等级的砂浆试块不应少于 3 组；同一验收批砂浆只有 1 组或 2 组试块时，每组试块抗压强度平均值应大于或等于设计强度等级值的 1.10 倍；对于建筑

结构的安全等级为一级或设计使用年限为 50 年及以上的房屋，同一验收批砂浆试块的数量不得少于3 组。

（3）砂浆强度应按标准养护，以 28d 龄期的试块抗压强度为准。

（4）制作砂浆试块的砂浆稠度应与配合比设计一致。

抽检数量：每一检验批且不超过 250m² 砌体的各类、各强度等级的普通砌筑砂浆，每台搅拌机应至少抽检一次。验收批的预拌砂浆、蒸压加气混凝土砌块专用砂浆，抽检可为 3 组。检验方法：在砂浆搅拌机出料口或在湿拌砂浆的储存容器出料口随机取样制作砂浆试块（现场拌制的砂浆，同盘砂浆只应做 1 组试块），试块标准养护 28d 后做强度试验。预拌砂浆中的湿拌砂浆稠度应在进场时取样检验。

4.3 砖砌体工程

1. 砌体砌筑时，混凝土多孔砖、混凝土实心砖、蒸压灰砂砖、蒸压粉煤灰砖等块体的产品龄期不应少于 28d。

2. 砌筑砖砌体时，砖应提前 1～2d 浇水湿润。

3. 砌砖工程当采用铺浆法砌筑时，铺浆长度不得超过 750mm；施工期间气温超过30℃时，铺浆长度不得超过 500mm。

4. 240mm 厚承重墙的每层墙的最上一皮砖、砖砌体的阶台水平面上及挑出层的外皮砖，应整砖丁砌。

5. 砖过梁底部的模板及其支架拆除时，灰缝砂浆强度不应低于设计强度的 75%。

6. 施工时施砌的蒸压（养）砖的产品龄期不应少于 28d。

7. 竖向灰缝不应出现瞎缝、透明缝和假缝。

4.4 砖和砂浆

1. 砖和砂浆的强度等级必须符合设计要求。抽检数量：每一生产厂家，烧结普通砖、混凝土实心砖每 15 万块，烧结多孔砖、混凝土多孔砖、蒸压灰砂砖及蒸压粉煤灰砖每 10 万块各为一验收批，不足上述数量时按 1 批计；抽检数量为 1 组。砂浆试块的抽检数量执行《建筑地基基础工程施工质量验收标准》（GB 50202—2018）第 4.0.12 条的有关规定。检验方法：查砖和砂浆试块试验报告。

2. 砖砌体的转角处和交接处应同时砌筑，严禁无可靠措施的内外墙分砌施工。在抗震设防烈度为 8 度及 8 度以上地区，对不能同时砌筑而又必须留置的临时间断处应砌成斜槎，普通砖砌体斜槎水平投影长度不应小于高度的 2/3，多孔砖砌体的斜槎长高比不应小于 1/2。斜槎高度不得超过一步脚手架的高度。抽检数量：每检验批抽查不应少于 5 处。检验方法：观察检查。

3. 砖砌体的转角处和交接处应同时砌筑，严禁无可靠措施的内外墙分砌施工。

对不能同时砌筑而又必须留置的临时间断处应砌成斜槎，斜槎水平投影长度不小于高度的2/3。抽检数量：每检验批抽20％接槎，且不应少于5处。检验方法：观察检查。

4. 砖砌体尺寸、位置的允许偏差及检验方法应符合表4-1的规定。

表4-1　砖砌体尺寸、位置的允许偏差及检验方法

项次	项目			允许偏差（mm）	检验方法	抽查数量
1	轴线位移			10	用经纬仪和尺或用其他测量仪器检查	承重墙、柱全数检查
2	基础、墙、柱顶面标高			±15	用水准仪和尺检查	不应少于5处
3	墙面垂直度	每层		5	用2m托线板检查	不应少于5处
		高	≤10m	10	用经纬仪、吊线和尺或用其他测量仪器检查	外墙全部阳角
			>10m	20		
4	表面平整度	清水墙、柱		5	用2m靠尺和楔形塞尺检查	不应少于5处
		混水墙、柱		8		
5	水平灰缝平直度	清水墙		7	拉5m线和尺检查	不应少于5处
		混水墙		10		
6	门窗洞口高、宽（后塞口）			±10	用尺检查	不应少于5处
7	外墙上下窗口偏移			20	以底层窗口为准，用经纬仪或吊线检查	不应少于5处
8	清水墙游丁走缝			20	以每层第一皮砖为准，用吊线和尺检查	不应少于5处

4.5　小型砌块

1. 施工采用的小砌块的产品龄期不应少于28d。

2. 底层室内地面以下或防潮层以下的砌体，应采用强度等级不低于C20（或Cb20）的混凝土灌实小砌块的孔洞。

3. 承重墙体使用的小砌块应完整，无破损、无裂缝。

4. 小砌块应将生产时的底面朝上反砌于墙上。

5. 小砌块和芯柱混凝土、砌筑砂浆的强度等级必须符合设计要求。抽检数量：每一生产厂家，每1万块小砌块为一验收批，不足1万块按一批计，抽检数量为1组；用于多层建筑的基础和底层的小砌块抽检数量不应少于2组。砂浆试块的抽检数量应执行《砌体结构工程施工质量验收规范》（GB 50203—2011）第4.0.12条的有关规定。检验方法：检查小砌块和芯柱混凝土、砌筑砂浆试块试验报告。

6. 墙体转角处和纵横交接处应同时砌筑。临时间断处应砌成斜槎，斜槎水平投影长度不应小于斜槎高度。施工洞口可预留直槎，但在洞口砌筑和补砌时，应在直槎上

下搭砌的小砌块孔洞内用强度等级不低于 C20（或 Cb20）的混凝土灌实。抽检数量：每检验批抽查不应少于 5 处。检验方法：观察检查。

4.6 填充墙砌体工程

1. 砌筑填充墙时，轻骨料混凝土小型空心砌块和蒸压加气混凝土砌块的产品龄期不应少于 28d，蒸压加气混凝土砌块的含水率宜小于 30%。

2. 填充墙砌体砌筑前，块材应提前 2d 浇水湿润。蒸压加气混凝土砌块砌筑时，应向砌筑面适量浇水。

3. 采用普通砌筑砂浆砌筑填充墙时，烧结空心砖、吸水率较大的轻骨料混凝土小型空心砌块应提前 1～2d 浇（喷）水湿润。蒸压加气混凝土砌块采用蒸压加气混凝土砌块砌筑砂浆或普通砌筑砂浆砌筑时，应在砌筑当天对砌块砌筑面喷水湿润。块体湿润程度宜符合下列规定：

（1）烧结空心砖的相对含水率为 60%～70%；

（2）吸水率较大的轻骨料混凝土小型空心砌块、蒸压加气混凝土砌块的相对含水率为 40%～50%。

4. 在厨房、卫生间、浴室等处采用轻骨料混凝土小型空心砌块、蒸压加气混凝土砌块砌筑墙体时，墙底部宜现浇混凝土坎台，其高度宜为 150mm。

5. 填充墙与承重墙、柱、梁的连接钢筋，当采用化学植筋的连接方式时，应进行实体检测。锚固钢筋拉拔试验的轴向受拉非破坏承载力检验值应为 6.0kN。抽检钢筋在检验值作用下应基材无裂缝、钢筋无滑移宏观裂损现象；持荷 2min 期间荷载值降低不大于 5%。检验批验收可按《建筑地基基础工程施工质量验收标准》（GB 50202—2018）表 B.0.1 通过正常检验一次、两次抽样判定。填充墙砌体植筋锚固力检测记录可按《建筑地基基础工程施工质量验收标准》（GB 50202—2018）表 C.0.1 填写。抽检数量：按表 4-2 确定。检验方法：原位试验检查。

表 4-2　检验批抽检锚固钢筋样本最小容量

检查批的容量	样本最小容量	检查批的容量	样本最小容量
≤90	5	281～500	20
91～150	8	501～1200	32
151～280	13	1201～3200	50

6. 填充墙砌体尺寸、位置的允许偏差及检验方法应符合表 4-3 的规定。抽检数量：（1）对表中 1、2 项，在检验批的标准间中随机抽查 10%，但不应少于 3 间；大面积房间和楼道按两个轴线或每 10 延长米按一标准间计数。每间检验不应少于 3 处。（2）对表中 3、4 项，在检验批中抽检 10%，且不应少于 5 处。

表 4-3 填充墙砌体尺寸、位置的允许偏差及检验方法

项次	项目		允许偏差（mm）	检验方法
1	轴线位移		10	用尺检查
2	垂直度（每层）	≤3m	5	用2m托线板或吊线、尺检查
		>3m	10	
3	表面平整度		8	用2m靠尺和楔形尺检查
4	门窗洞口高、宽（后塞口）		±10	用尺检查
5	外墙上、下窗口偏移		20	用经纬仪或吊线检查

7. 填充墙砌体留置的拉结钢筋或网片的位置应与块体皮数相符合。拉结钢筋或网片应置于灰缝中，埋置长度应符合设计要求，竖向位置偏差不应超过一皮高度。抽检数量：在检验批中抽检 20％，且不应少于 5 处。检验方法：观察和用尺量检查。

8. 填充墙砌筑时应错缝搭砌，蒸压加气混凝土砌块搭砌长度不应小于砌块长度的 1/3；轻骨料混凝土小型空心砌块搭砌长度不应小于 90mm；竖向通缝不应大于 2 皮。抽检数量：在检验批的标准间中抽查 10％，且不应少于 3 间。检查方法：观察和用尺检查。

9. 填充墙砌至接近梁、板底时，应留一定空隙，待填充墙砌筑完并应至少间隔 7d 后，再将其补砌挤紧。抽检数量：每验收批抽 10％填充墙片（每两柱间的填充墙为一墙片），且不应少于 3 片墙。

5 钢结构工程

5.1 基本规定

1. 钢结构工程施工单位应具备相应的钢结构工程施工资质，施工现场质量管理应有相应的施工技术标准、质量管理体系、质量控制及检验制度，施工现场应有经项目技术负责人审批的施工组织设计、施工方案等技术文件。

2. 钢结构工程施工质量的验收，必须采用经计量检定、校准合格的计量器具。

3. 钢结构工程应按下列规定进行施工质量控制：

（1）采用的原材料及成品应进行进场验收。凡涉及安全、功能的原材料及成品应按《钢结构工程施工质量验收标准》（GB 50205—2020）的规定进行复验，并应经监理工程师（建设单位技术负责人）见证取样、送样。

（2）各工序应按施工技术标准进行质量控制，每道工序完成后，应进行检查。

（3）相关各专业工种之间应进行交接检验，并经监理工程师（建设单位技术负责人）检查认可。

4. 钢结构工程施工质量验收应在施工单位自检基础上，按照检验批、分项工程、分部（子分部）工程进行。钢结构分部（子分部）工程中分项工程划分应按照现行国家标准《建筑工程施工质量验收统一标准》（GB 50300—2013）的规定执行。钢结构分项工程应由一个或若干检验批组成，各分项工程检验批应按本章节的规定进行划分。

5. 分项工程检验批合格质量标准应符合下列规定：

（1）主控项目必须符合《钢结构工程施工质量验收标准》（GB 50205—2020）合格质量标准的要求；

（2）一般项目其检验结果应有80％及以上的检查点（值）符合《钢结构工程施工质量验收标准》（GB 50205—2020）合格质量标准的要求，且最大值不应超过其允许偏差值的1.2倍；

（3）质量检查记录、质量证明文件等资料应完整。

6. 分项工程合格质量标准应符合下列规定：

（1）分项工程所含的各检验批均应符合《钢结构工程施工质量验收标准》（GB 50205—2020）合格质量标准；

（2）分项工程所含的各检验批质量验收记录应完整。

7. 当钢结构工程施工质量不符合《钢结构工程施工质量验收标准》（GB 50205—2020）的要求时，应按下列规定进行处理：

（1）经返工重做或更换构（配）件的检验批，应重新进行验收；

（2）经有资质的检测单位检测鉴定能够达到设计要求的检验批，应予以验收；

（3）经有资质的检测单位检测鉴定达不到设计要求，但经原设计单位核算认可能够满足结构安全和使用功能的检验批，可予以验收；

（4）经返修或加固处理的分项、分部工程，虽然改变外形尺寸但仍能满足安全使用要求，可按处理技术方案和协商文件进行验收。

8. 通过返修或加固处理仍不能满足安全使用要求的钢结构分部工程，严禁验收。

5.2　原材料及成品进场

本节适用于进入钢结构各分项工程实施现场的主要材料、零（部）件、成品件、标准件等产品的进场验收。

1. 进场验收的检验批原则上应与各分项工程检验批一致，也可以根据工程规模及进料实际情况划分检验批。检查数量：见《钢结构工程施工质量验收标准》（GB 50205—2020）附录 B。检验方法：检查复验报告。

2. 扭剪型高强度螺栓连接副应按《钢结构工程施工质量验收标准》（GB 50205—2020）附录 B 的规定检验预拉力，其检验结果应符合《钢结构工程施工质量验收标准》（GB 50205—2020）附录 B 的规定。检查数量：见《钢结构工程施工质量验收标准》（GB 50205—2020）附录 B。检验方法：检查复验报告。

3. 高强度螺栓连接副应按包装箱配套供货，包装箱上应标明批号、规格、数量及生产日期。螺栓、螺母、垫圈外观表面应涂油保护，不应出现生锈和沾染脏物，螺纹不应损伤。检查数量：按包装箱数抽查 5%，且不应少于 3 箱。检验方法：观察。

4. 对建筑结构安全等级为一级、跨度 40m 及以上的螺栓球节点钢网架结构，其连接高强度螺栓应进行表面硬度试验，对 8.8 级的高强度螺栓其硬度应为 HRC21～HRC29；10.9 级高强度螺栓其硬度应为 HRC32～HRC36，且不得有裂纹或损伤。检查数量：按规格抽查 8 只。检验方法：用硬度计、10 倍放大镜或磁粉探伤。

5. 焊接球及制造焊接球所采用的原材料，其品种、规格、性能等应符合现行国家产品标准和设计要求。检查数量：全数检查。检验方法：检查产品的质量合格证明文件、中文标志及检验报告等。

6. 焊接球焊：缝应进行无损检验，其质量应符合设计要求，当设计无要求时应符合《钢结构工程施工质量验收标准》（GB 50205—2020）中规定的二级质量标准。检查数量：每一规格按数量抽查 5%，且不应少于 3 个。检验方法：超声波探伤或检查检验报告。

7. 焊接球直径、圆度、壁厚减薄量等尺寸及允许偏差应符合《钢结构工程施工质量验收标准》（GB 50205—2020）的规定。检查数量：每一规格按数量抽查 5%，且不应少于 3 个。检验方法：用卡尺和测厚仪检查。

8. 焊接球表面应无明显波纹及局部凹凸不平不大于 1.5mm。检查数量：每一规格按数量抽查 5%，且不应少于 3 个。检验方法：观察，用弧形套模、卡尺检查。

9. 螺栓球及制造螺栓球节点所采用的原材料，其品种、规格、性能等应符合现行国家产品标准和设计要求。检查数量：全数检查。检验方法：检查产品的质量合格证明文件、中文标志及检验报告等。

10. 螺栓球不得有过烧、裂纹及褶皱。检查数量：每种规格抽查 5%，且不应少于 5 只。检验方法：用 10 倍放大镜观察和表面探伤。

11. 螺栓球螺纹尺寸应符合国家标准《普通螺纹　基本尺寸》（GB/T 196—2003）中粗牙螺纹的规定，螺纹公差必须符合国家标准《普通螺纹　公差》（GB/T 197—2018）中 6H 级精度的规定。检查数量：每种规格抽查 5%，且不应少于 5 只。检验方法：用标准螺纹规。

12. 螺栓球直径、圆度、相邻两螺栓孔中心线夹角等尺寸及允许偏差应符合《钢结构工程施工质量验收标准》（GB 50205—2020）的规定。检查数量：每一规格按数量抽查 5%，且不应少于 3 个。检验方法：用卡尺和分度头仪检查。

13. 封板、锥头和套筒及制造封板、锥头和套筒所采用的原材料，其品种、规格、性能等应符合现行国家产品标准和设计要求。检查数量：全数检查。检验方法：检查产品的质量合格证明文件、中文标志及检验报告等。

14. 封板、锥头、套筒外观不得有裂纹、过烧及氧化皮。检查数量：每种抽查 5%，且不应少于 10 只。检验方法：用放大镜观察检查和表面探伤。

15. 金属压型板及制造金属压型板所采用的原材料，其品种、规格、性能等应符合现行国家产品标准和设计要求。检查数量：全数检查。检验方法：检查产品的质量合格证明文件、中文标志及检验报告等。

16. 压型金属泛水板、包角板和零配件的品种、规格以及防水密封材料的性能应符合现行国家产品标准和设计要求。检查数量：全数检查。检验方法：检查产品的质量合格证明文件、中文标志及检验报告等。

17. 压型金属板的规格尺寸及允许偏差、表面质量、涂层质量等应符合设计要求和本章节的规定。检查数量：每种规格抽查 5%，且不应少于 3 件。

检验方法：观察和用 10 倍放大镜检查及尺量。

18. 钢结构防腐涂料、稀释剂和固化剂等材料的品种、规格、性能等应符合现行国家产品标准和设计要求。检查数量：全数检查。检验方法：检查产品的质量合格证明文件、中文标志及检验报告等。

19. 钢结构防火涂料的品种和技术性能应符合设计要求，并应经过具有资质的检测机构检测符合国家现行有关标准的规定。检查数量：全数检查。检验方法：检查产品的质量合格证明文件、中文标志及检验报告等。

20. 防腐涂料和防火涂料的型号、名称、颜色及有效期应与其质量证明文件相符。开启后，不应存在结皮、结块、凝胶等现象。检查数量：按桶数抽查 5%，且不应少于 3 桶。检验方法：观察检查。

21. 钢结构用橡胶垫的品种、规格、性能等应符合现行国家产品标准和设计要求。检查数量：全数检查。检验方法：检查产品的质量合格证明文件、中文标志及检验报告等。

22. 钢结构工程所涉及的其他特殊材料，其品种、规格、性能等应符合现行国家产品标准和设计要求。检查数量：全数检查。检验方法：检查产品的质量合格证明文件、中文标志及检验报告等。

5.3 钢结构焊接工程

本节适用于钢结构制作和安装中的钢构件焊接以及焊钉焊接的工程质量验收。

1. 钢结构焊接工程可按相应的钢结构制作或安装工程检验批的划分原则划分为一个或若干个检验批。

2. 碳素结构钢应在焊缝冷却到环境温度、低合金结构钢应在完成焊接 24h 以后，进行焊缝探伤检验。

3. 焊缝施焊后应在工艺规定的焊缝及部位打上焊工钢印。

4. 焊条、焊丝、焊剂、电渣焊熔嘴等焊接材料与母材的匹配应符合设计要求及现行国家标准《钢结构焊接规范》（GB 50661—2011）的规定。焊条、焊剂、药芯焊丝、熔嘴等在使用前，应按其产品说明书及焊接工艺文件的规定进行烘焙和存放。检查数量：全数检查。检验方法：检查质量证明书和烘焙记录。

5. 焊工必须经考试合格并取得合格证书。持证焊工必须在其考试合格项目及其认可范围内施焊。检查数量：全数检查。检验方法：检查焊工合格证及其认可范围、有效期。

6. 施工单位对其首次采用的钢材、焊接材料、焊接方法、焊后热处理等，应进行焊接工艺评定，并应根据评定报告确定焊接工艺。检查数量：全数检查。检验方法：检查焊接工艺评定报告。

7. 设计要求全焊透的一、二级焊缝应采用超声波探伤进行内部缺陷的检验，超声波探伤不能对缺陷做出判断时，应采用射线探伤，其内部缺陷分级及探伤方法应符合国家标准《焊缝无损检测 超声检测 技术、检测等级和评定》（GB/T 11345—2013）或《焊缝无损检测 射线检测 第 1 部分：X 和伽玛射线的胶片技术》（GB/T 3323.1—2019）的规定。焊接球节点网架焊缝、螺栓球节点网架焊缝及圆管 T、K、Y 形节点相关线焊缝，其内部缺陷分级及探伤方法应分别符合行业标准《钢结构超声波探伤及质量分级法》（JG/T 203—2007）和国家标准《钢结构焊接规范》（GB 50661—2011）的规定。一、二级焊缝的质量等级及缺陷分级应符合表 5-1 的规定。检查数量：全数检查。检验方法：检查超声波或射线探伤记录。

表 5-1   一、二级焊缝质量等级及缺陷分级

焊缝质量等级		一级	二级
内部缺陷超声波探伤	缺陷评定等级	Ⅱ	Ⅲ
	检验等级	B 级	B 级
	检测比例	100%	20%
内部缺陷射线探伤	缺陷评定等级	Ⅱ	Ⅲ
	检验等级	B 级	B 级
	检测比例	100%	20%

注：探伤比例的计数方法应按以下原则确定：（1）对工厂制作焊缝，应按每条焊缝计算百分比，且探伤长度应不小于 200mm，当焊缝长度不足 200mm 时，应对整条焊缝进行探伤；（2）对现场安装焊缝，应按同一类型、同一施焊条件的焊缝条数计算百分比，探伤长度应不小于 200mm，并应不少于 1 条焊缝。

8. T 形接头、十字接头、角接接头等要求熔透的对接和角对接组合焊缝，其焊脚尺寸不应小于 $t/4$；设计有疲劳验算要求的吊车梁或类似构件的腹板与上翼缘连接焊缝的焊脚尺寸为 $t/2$，且不应大于 10mm。焊脚尺寸的允许偏差为 0～4mm。检查数量：资料全数检查；同类焊缝抽查 10%，且不应少于 3 条。检验方法：观察，用焊缝量规抽查测量。

9. 连接薄钢板采用的自攻钉、拉铆钉、射钉等其规格尺寸应与被连接钢板相匹配，其间距、边距等应符合设计要求。检查数量：按连接节点数抽查 1%，且不应少于 3 个。检验方法：观察，用尺量检查。

10. 永久性普通螺栓紧固应牢固、可靠，外露丝扣不应少于 2 个。检查数量：按连接节点数抽查 10%，且不应少于 3 个。检验方法：观察和用小锤敲击检查。

11. 自攻螺钉、钢拉铆钉、射钉等与连接钢板应紧固密贴，外观排列整齐。检查数量：按连接节点数抽查 10%，且不应少于 3 个。检验方法：观察和用小锤敲击检查。

12. 钢结构制作和安装单位应按《钢结构工程施工质量验收标准》（GB 50205—2020）附录 B 的规定分别进行高强度螺栓连接摩擦面的抗滑移系数试验和复验，现场处理的构件摩擦面应单独进行摩擦面抗滑移系数试验，其结果应符合设计要求。检查数量：见《钢结构工程施工质量验收标准》（GB 50205—2020）附录 B。检验方法：检查摩擦面抗滑移系数试验报告和复验报告。

13. 高强度大六角头螺栓连接副终拧完成 1h 后、48h 内应进行终拧扭矩检查，检查结果应符合《钢结构工程施工质量验收标准》（GB 50205—2020）附录 B 的规定。检

查数量：按节点数抽查 10％，且不应少于 10 个；每个被抽查节点按螺栓数抽查 10％，且不应少于 2 个。检验方法：见《钢结构工程施工质量验收标准》（GB 50205—2020）附录 B。

14. 扭剪型高强度螺栓连接副终拧后，除因构造原因无法使用专用扳手终拧掉梅花头者外，未在终拧中拧掉梅花头的螺栓数不应大于该节点螺栓数的 5％。对所有梅花头未拧掉的扭剪型高强度螺栓连接副，应采用扭矩法或转角法进行终拧并做标记，且按《钢结构工程施工质量验收标准》（GB 50205—2020）第 6.3.3 条的规定进行终拧扭矩检查。

检查数量：按节点数抽查 10％，但不应少于 10 个节点，被抽查节点中梅花头未拧掉的扭剪型高强度螺栓连接副全数进行终拧扭矩检查。

检验方法：观察，检查《钢结构工程施工质量验收标准》（GB50205—2020）附录 B。

15. 高强度螺栓连接副的施拧顺序和初拧、复拧扭矩应符合设计要求和国家行业标准《钢结构高强度螺栓连接技术规程》（JGJ82—2011）的规定。

检查数量：全数检查资料。

检验方法：检查扭矩扳手标定记录和螺栓施工记录。

16. 高强度螺栓连接副终拧后，螺栓丝扣外露应为 2～3 扣，其中允许有 10％的螺栓丝扣外露 1 扣或 4 扣。

检查数量：按节点数抽查 5％，且不应少于 10 个。

检验方法：观察。

17. 高强度螺栓连接摩擦面应保持干燥、整洁，不应有飞边、毛刺、焊接飞溅物、焊疤、氧化铁皮、污垢等，除设计要求外摩擦面不应涂漆。

检查数量：全数检查。

检验方法：检查。

18. 高强度螺栓应自由穿入螺栓孔。高强度螺栓孔不应采用气割扩孔，扩孔数量应征得设计同意，扩孔后的孔径不应超过 $1.2d$（d 为螺栓直径）。

检查数量：被扩螺栓孔全数检查。

检验方法：观察及用卡尺检查。

19. 螺栓球节点网架总拼完成后，高强度螺栓与球节点应紧固连接，高强度螺栓拧入螺栓球内的螺纹长度不应小于 $1.0d$（d 为螺栓直径），连接处不应出现有间隙、松动等未拧紧情况。

检查数量：按节点数抽查 5％，且不应少于 10 个。

检验方法：用普通扳手及尺量检查。

5.4　零件及钢部件加工工程

1. 本节适用于钢结构制作及安装中钢零件及钢部件加工的质量验收。

2. 钢零件及钢部件加工工程，可按相应的钢结构制作工程或钢结构安装工程检验批的划分原则划分为一个或若干个检验批。

3. 钢材切割面或剪切面应无裂纹、夹渣、分层和大于 1mm 的缺棱。

检查数量：全数检查。

检验方法：观察和用放大镜及百分尺检查，有疑义时做渗透、磁粉或超声波探伤检查。

4. 气割的允许偏差应符合表 5 2 的规定。

检查数量：按切割面数抽查 10%，且不应少于 3 个。

检验方法：观察和用钢尺、塞尺检查。

表 5-2 气割的允许偏差（mm）

项目	允许偏差
零件宽度、长度	±3.0
切割面平面度	0.05t，且不应大于 2.0
割纹深度	0.3
局部缺口深度	1.0

注：t 为切割面厚度。

5. 机械剪切的允许偏差应符合表 5-3 的规定。

检查数量：按切割面数抽查 10%，且不应少于 3 个。

检验方法：观察和用钢尺、塞尺检查。

表 5-3 机械剪切的允许偏差（mm）

项目	允许偏差
零件宽度、长度	±3.0
边缘缺棱	1.0
型钢端部垂直度	2.0

6. 碳素结构钢在环境温度低于 -16℃、低合金结构钢在环境温度低于 -12℃ 时，不应进行冷矫正和冷弯曲。碳素结构钢和低合金结构钢在加热矫正时，加热温度不应超过 900℃。低合金结构钢在加热矫正后应自然冷却。

检查数量：全数检查。

检验方法：检查制作工艺报告和施工记录。

7. 当零件采用热加工成型时，加热温度应控制在 900~1000℃；碳素结构钢和低合金结构钢在温度分别下降到 700℃ 和 800℃ 之前，应结束加工；低合金结构钢应自然冷却。

检查数量：全数检查。

检验方法：检查制作工艺报告和施工记录。

8. 矫正后的钢材表面，不应有明显的凹面或损伤，划痕深度不得大于 0.5mm，且不应大于该钢材厚度负允许偏差的 1/2。

检查数量：全数检查。

检验方法：观察和实测检查。

9. 冷矫正和冷弯曲的最大弯曲矢高和最小曲率半径应符合表 5-4 的规定。

检查数量：按冷矫正和冷弯曲的件数抽查 10％，且不应少于 3 个。

检验方法：观察和实测检查。

表 5-4　冷矫正的最小曲率半径和最大弯曲矢高（mm）

钢材类别	图例	对应轴	冷矫正	
			最小曲率半径 r	最大弯曲矢高 f
钢板扁钢		$x-x$	50t	$\dfrac{l^2}{400t}$
		$y-y$（仅对扁钢轴线）	100b	$\dfrac{l^2}{800b}$
角钢		$x-x$	90b	$\dfrac{l^2}{720b}$
槽钢		$x-x$	50h	$\dfrac{l^2}{400h}$
		$y-y$	90b	$\dfrac{l^2}{720b}$
工字钢、H 型钢		$x-x$	50h	$\dfrac{l^2}{400h}$
		$y-y$	50b	$\dfrac{l^2}{400b}$

注：l 为弯曲弦长；t 为钢板厚度；h 为型钢高度；r 为曲率半径；f 为弯曲矢高。

10. 钢材矫正后的允许偏差，应符合表 5-5 的规定。

检查数量：按矫正件数抽查 10％，且不应少于 3 件。

检验方法：观察和实测检查。

表 5-5　钢材矫正后的允许偏差（mm）

钢材类别	图例		冷弯最小曲率半径 r		备注
热轧钢板	钢板卷压成钢管		碳素结构钢	15t	
			低合金结构钢	20t	
	平板弯成 120°～150°	a=120°～150°	碳素结构钢	10t	
			低合金结构钢	12t	
	方矩管弯直角		碳素结构钢	3t	
			低合金结构钢	4t	
热轧无缝钢管			碳素结构钢	20d	
			低合金结构钢	25d	
冷成型直缝钢管			碳素结构钢	25d	焊缝放在中心线以内受压区
			低合金结构钢	30d	
冷成型方矩管			碳素结构钢	30h（b）	焊缝放置在弯弧中心线位置
			低合金结构钢	35h（b）	
热轧 H 型钢			碳素结构钢	25h	也适用于工字钢和槽钢对高度弯曲
			低合金结构钢	30h	
			碳素结构钢	20b	
			低合金结构钢	25b	

钢材类别	图例	冷弯最小曲率半径 r		备注
槽钢、角钢		碳素结构钢	25b	
		低合金结构钢	30b	

注：Q390 及以上钢材冷弯曲成型最小曲率半径应通过工艺试验确定。

11. 气割或机械剪切的零件，需要进行边缘加工时，其刨削量不应小于 2.0mm。

检查数量：全数检查。

检验方法：检查工艺报告和施工记录。

12. 边缘加工允许偏差应符合表 5-6 的规定。

检查数量：按加工面数抽查 10%，且不应少于 3 件。

检验方法：观察和实测检查。

表 5-6　边缘加工的允许偏差（mm）

项目	允许偏差
零件宽度、长度	±1.0mm
加工边直线度	$l/3000$，且不应大于 2.0mm
加工面垂直度	0.025t，且不应大于 0.5mm
加工面表面粗糙度	$Ra \leqslant 50\mu m$

13. 螺栓球成型后，不应有裂纹、褶皱、过烧。

检查数量：每种规格抽查 10%，且不应少于 5 个。

检验方法：用 10 倍放大镜观察检查或表面探伤。

14. 钢板压成半圆球后，表面不应有裂纹、褶皱；焊接球其对接坡口应采用机械加工，对接焊缝表面应打磨平整。

检查数量：每种规格抽查 10%，且不应少于 5 个。

检验方法：用 10 倍放大镜观察检查或表面探伤。

15. 螺栓球加工的允许偏差应符合表 5-7 的规定。

检查数量：每种规格抽查 15%，且不应少于 3 个。

检验方法：见表 5-7。

表 5-7 螺栓球加工的允许偏差 (mm)

项目		允许偏差
球直径	$d \leqslant 120$	+2.0
		−1.0
	$d > 120$	+3.0
		−1.5
球圆度	$d \leqslant 120$	1.5
	$120 < d \leqslant 250$	2.5
	$d > 250$	3.0
同一轴线上两铣平面平行度	$d \leqslant 120$	0.2
	$d > 120$	0.3
铣平面距球中心距离		±0.2
相邻两螺栓孔中心线夹角		±30
两铣平面与螺栓孔轴线垂直度		0.005r

注：r 为螺栓球半径；d 为螺栓球直径。

16. 焊接球加工的允许偏差应符合表 5-8 的规定。

检查数量：每种规格抽查 5%，且不应少于 3 个。

检验方法：见表 5-8。

表 5-8 焊接球加工的允许偏差 (mm)

项目		允许偏差	检验方法
球直径	$D \leqslant 300$	±1.5	用卡尺和游标卡尺检查
	$300 < D \leqslant 500$	±2.5	
	$500 < D \leqslant 800$	±3.5	
	$D > 800$	±4.0	
圆度	$D \leqslant 300$	±1.5	用卡尺和游标卡尺检查
	$300 < D \leqslant 500$	±2.5	
	$500 < D \leqslant 800$	±3.5	
	$D > 800$	±4.0	
壁厚减薄量	$t \leqslant 10$	0.18t，且不大于 1.5	用卡尺和测厚仪检查
	$10 < t \leqslant 16$	0.15t，且不大于 2.0	
	$16 < t \leqslant 22$	0.12t，且不大于 2.5	
	$22 < t \leqslant 45$	0.11t，且不大于 3.5	
	$t > 45$	0.08t，且不大于 4.0	
对口错边量	$t \leqslant 20$	1.0	用套模和游标卡尺检查
	$20 < t \leqslant 40$	2.0	
	$t > 40$	3.0	
焊缝余高		0~1.5	用焊缝量规检查

注：D 为焊接球的外径；t 为焊接球的壁厚。

17. 钢网架（桁架）用钢管杆件加工的允许偏差应符合表 5-9 的规定。

检查数量：每种规格抽查 10%，且不应少于 5 根。

检验方法：见表 5-9。

表 5-9 钢网架（桁架）用钢管杆件加工的允许偏差（mm）

项目	允许偏差	检验方法
长度	±1.0	用钢尺和百分表检查
端面对管轴的垂直度	0.005r	用百分表 V 形块检查
管口曲线	1.0	用套模和游标卡尺检查

18. A、B 级螺栓孔（Ⅰ类孔）应具有 H12 的精度，孔壁表面粗糙度 Ra 不应大于 12.5μm。其孔径的允许偏差应符合表 5-10 的规定。

表 5-10 A、B 级螺栓孔径的允许偏差（mm）

螺栓公称直径、螺栓孔直径	螺栓公称直径允许偏差	螺栓孔直径允许偏差
10~18	0.00 −0.21	+0.18 0.00
18~30	0.00 −0.21	+0.21 0.00
30~50	0.00 −0.25	+0.25 0.00

C 级螺栓孔（Ⅱ类孔），孔壁表面粗糙度 Ra 不应大于 25μm，其允许偏差应符合表 5-11 的规定。

检查数量：按钢构件数量抽查 10%，且不应少于 3 件。

检验方法：用游标卡尺或孔径量规检查。

表 5-11 C 级螺栓孔的允许偏差（mm）

项目	允许偏差
直径	+1.0 0.0
圆度	2.0
垂直度	0.03t，且不应大于 2.0

19. 螺栓孔孔距的允许偏差应符合表 5-12 的规定。

检查数量：按钢构件数量抽查 10%，且不应少于 3 件。

检验方法：用钢尺检查。

表 5-12 螺栓孔孔距允许偏差（mm）

螺栓孔孔距范围	≤500	501～1200	1201～3000	>3000
同一组内任意两孔间距离	±1.0	±1.5	—	—
相邻两组的端孔间距离	±1.5	±2.0	±2.5	±3.0

注：1. 在节点中连接板与一根杆件相连的所有螺栓孔为一组；

2. 对接接头在拼接板一侧的螺栓孔为一组；

3. 在两相邻节点或接头间的螺栓孔为一组，但不包括上述两款所规定的螺栓孔；4. 受弯构件翼缘上的连接螺栓孔，每米长度范围内的螺栓孔为一组。

20. 螺栓孔孔距的允许偏差超过《钢结构工程施工质量验收标准》（GB 50205—2020）表7.7.2规定的允许偏差时，应采用与母材材质相匹配的焊条补焊后重新制孔。

检查数量：全数检查。

检验方法：观察。

5.5 钢构件组装工程

1. 本节适用于钢结构制作中构件组装的质量验收。

2. 钢构件组装工程可按钢结构制作工程检验批的划分原则划分为一个或若干个检验批。

3. 焊接H型钢的翼缘板拼接缝和腹板拼接缝的间距不应小于200mm。翼缘板拼接长度不应小于2倍板宽；腹板拼接宽度不应小于300mm，长度不应小于600mm。

检查数量：全数检查。

检验方法：观察和用钢尺检查。

4. 焊接H型钢的允许偏差应符合《钢结构工程施工质量验收标准》（GB 50205—2020）中8.3.2的规定。

检查数量：按钢构件数抽查10%，且不应少于3件。

检验方法：用钢尺、角尺、塞尺等检查。

5. 吊车梁和吊车桁架不应下挠。

检查数量：全数检查。

检验方法：构件直立，在两端支承后，用水准仪和钢尺检查。

6. 焊接连接组装的允许偏差应符合《钢结构工程施工质量验收标准》（GB 50205—2020）中8.3.3的规定。

检查数量：按构件数抽查10%，且不应少于3个。

检验方法：用钢尺检验。

7. 顶紧接触面应有75%以上的面积紧贴。

检查数量：按接触面的数量抽查10%，且不应少于10个。

检验方法：用0.3mm塞尺检查，其塞入面积应小于25%，边缘间隙不应大于0.8mm。

8. 桁架结构杆件轴线交点错位的允许偏差不得大于 3.0mm，允许偏差不得大于 4.0mm。

检查数量：按构件数抽查 10%，且不应少于 3 个，每个抽查构件按节点数抽查 10%，且不应少于节点。

检验方法：用尺量检查。

9. 端部铣平的允许偏差应符合表 5-13 的规定。

检查数量：按铣平面数量抽查 10%，且不应少于 3 个。

检验方法：用钢尺、角尺、塞尺等检查。

表 5-13　端部铣平的允许偏差（mm）

项目	允许偏差
两端铣平时构件长度	±2.0
两端铣平时零件长度	±0.5
铣平面的平面度	0.3
铣平面对轴线的垂直度	1/1500

10. 安装焊缝坡口的允许偏差应符合表 5-14 的规定。

检查数量：按坡口数量抽查 10%，且不应少于 3 条。

检验方法：用焊缝量规检查。

表 5-14　安装焊缝坡口的允许偏差

项目	允许偏差
坡口角度	±5°
钝边	±1.0mm

11. 外露铣平面应防锈保护。

检查数量：全数检查。

检验方法：观察。

12. 钢构件外形尺寸主控项目的允许偏差应符合表 5-15 的规定。

检查数量：全数检查。

检验方法：用钢尺检查。

表 5-15　钢构件外形尺寸主控项目的允许偏差（mm）

项目	允许偏差
单层柱、梁、桁架受力支托（支承面）表面至第一个安装孔距离	±1.0
多节柱铣平面至第一个安装孔距离	±1.0
实腹梁两端最外侧安装孔距离	±3.0
构件连接处的截面几何尺寸	±3.0
柱、梁连接处的腹板中心线偏移	2.0
受压构件（杆件）弯曲矢高	$l/1000$，且不应大 10.0

13. 钢构件外形尺寸一般项目的允许偏差应符合《钢结构工程施工质量验收标准》（GB 50205—2020）附录 C 中 8.5.1～8.5.9 的规定。

检查数量：按构件数量抽查 10％，且不应少于 3 件。

检验方法：见《钢结构工程施工质量验收标准》（GB 50205—2020）8.5.1～8.5.9。

5.6 钢构件预拼工程

1. 本节适用于钢构件预拼装工程的质量验收。

2. 钢构件预拼装工程可按钢结构制作工程检验批的划分原则划分为一个或若干个检验批。

3. 预拼装所用的支承凳或平台应测量找平，检查时应拆除全部临时固定和拉紧装置。

4. 进行预拼装的钢构件，其质量应符合设计要求和《钢结构工程施工质量验收标准》（GB 50205—2020）合格质量标准的规定。

5. 高强度螺栓和普通螺栓连接的多层板叠，应采用试孔器进行检查，并应符合下列规定：

（1）当采用比孔公称直径小 1.0mm 的试孔器检查时，每组孔的通过率不应小于 85％；

（2）当采用比螺栓公称直径大 0.3mm 的试孔器检查时，通过率应为 100％。

检查数量：按预拼装单元全数检查。

检验方法：采用试孔器检查。

6. 预拼装的允许偏差应符合《钢结构工程施工质量验收标准》（GB50205—2020）的规定。

检查数量：按预拼装单元全数检查。

检验方法：见《钢结构工程施工质量验收标准》（GB 50205—2020）9.2。

5.7 单层钢结构安装工程

1. 本节适用于单层钢结构的主体结构、地下钢结构、檩条及墙架等次要构件、钢平台、钢梯、防护栏杆等安装工程的质量验收。

2. 单层钢结构安装工程可按变形缝或空间刚度单元等划分成一个或若干个检验批。地下钢结构可按不同地下层划分检验批。

3. 钢结构安装检验批应在进场验收和焊接连接、紧固件连接、制作等分项工程验收合格的基础上进行验收。

4. 安装的测量校正、高强度螺栓安装、负温度下施工及焊接工艺等，应在安装前进行工艺试验或评定，并应在此基础上制定相应的施工工艺或方案。

5. 安装偏差的检测，应在结构形成空间刚度单元并连接固定后进行。

6. 安装时，必须控制屋面、楼面、平台等的施工荷载，施工荷载和冰雪荷载等严禁超过梁、桁架、楼面板、屋面板、平台铺板等的承载能力。

7. 在形成空间刚度单元后，应及时对柱底板和基础顶面的空隙进行细石混凝土、灌浆料等二次浇灌。

8. 吊车梁或直接承受动力荷载的梁其受拉翼缘、吊车桁架或直接承受动力荷载的桁架其受拉弦杆上不得焊接悬挂物和卡具等。

9. 建筑物的定位轴线、基础轴线和标高、地脚螺栓的规格及其紧固应符合设计要求。

检查数量：按柱基数抽查 10％，且不应少于 3 个。

检验方法：用经纬仪、水准仪、全站仪和钢尺现场实测。

10. 基础顶面直接作为柱的支承面和基础顶面预埋钢板或支座作为柱的支承面时，其支承面、地脚螺栓（锚栓）位置的允许偏差应符合《钢结构工程施工质量验收标准》中表 10.2.2 规定。

检查数量：按柱基数抽查 10％，且不应少于 3 个。

检验方法：用经纬仪、水准仪、全站仪、水平尺和钢尺实测。

11. 采用坐浆垫板时，坐浆垫板的允许偏差应符合《钢结构工程施工质量验收标准》中表 10.2.3 规定。

检查数量：资料全数检查，按柱基数抽查 10％，且不应少于 3 件。

检验方法：用经纬仪、水准仪、全站仪、水平尺和钢尺实测。

12. 钢吊车梁或直接承受动力荷载的类似构件，其安装的允许偏差应符合《钢结构工程施工质量验收标准》（GB 50205—2020）中 10.4 的规定。

检查数量：按钢吊车梁数抽查 10％，且不应少于 3 榀。

检验方法：按《钢结构工程施工质量验收标准》（GB 50205—2020）中 10.4 的规定。

13. 檩条、墙架等次要构件安装的允许偏差应符合《钢结构工程施工质量验收标准》（GB 50205—2020）中 10.7 的规定。

检查数量：按同类构件数抽查 10％，且不应少于 3 件。

检验方法：按《钢结构工程施工质量验收标准》（GB 50205—2020）中 10.7 的规定。

14. 钢平台、钢梯、栏杆安装应符合国家标准《固定式钢梯及平台安全要求》（GB 4053—2009）、《钢结构工程施工质量验收标准》（GB 50205—2020）的规定。钢平台、钢梯和防护栏杆安装的允许偏差应符合《钢结构工程施工质量验收标准》（GB 50205—2020）中 10.8 的规定。

检查数量：按钢平台总数抽查 10％，栏杆、钢梯按总长度各抽查 10％，但钢平台不应少于 1 个，栏杆不应少于 5m，钢梯不应少于 1 跑。

检验方法：按《钢结构工程施工质量验收标准》（GB 50205—2020）中 10.8 的规定。

15. 现场焊缝组对间隙的允许偏差应符合表 5-16 的规定。

检查数量：按同类节点数抽查 10%，且不应少于 3 个。

检验方法：用尺量检查。

表 5-16　现场焊缝组对间隙的允许偏差（mm）

项目	允许偏差
无垫板间隙	+3.0 0
有垫板间隙	+3.0 —2.0

5.8　基础和支承面

1. 建筑物的定位轴线、基础上柱的定位轴线和标高、地脚螺栓（锚栓）的规格和位置、地脚螺栓（锚栓）紧固应符合设计要求。当设计无要求时，应符合表 5-17 的规定。

检查数量：按柱基数抽查 10%，且不应少于 3 个。

检验方法：用经纬仪、水准仪、全站仪和钢尺实测。

表 5-17　地脚螺栓（锚栓）的允许偏差（mm）

项目	容许偏差	备注
建筑物定位轴线	$L/20000$，且不应大于 3.0	
基础上柱的定位轴线	1.0	
基础上柱底标高	±2.0	
地角螺栓（锚栓）位移	2.0	

2. 多层建筑以基础顶面直接作为柱的支承面，或以基础顶面预埋钢板或支座作为柱的支承面时，其支承面、地脚螺栓（锚栓）位置的允许偏差应符合《钢结构工程施工质量验收标准》（GB 50205—2020）表 10.2.2 的规定。

检查数量：按柱基数抽查 10%，且不应少于 3 个。

检验方法：用经纬仪、水准仪、全站仪、水平尺和钢尺实测。

3. 多层建筑采用坐浆垫板时，坐浆垫板的允许偏差应符合《钢结构工程施工质量验收标准》（GB 50205—2020）表 10.2.3 的规定。

检查数量：资料全数检查。按柱基数抽查 10%，且不应少于 3 个。

检验方法：用水准仪、全站仪、水平尺和钢尺实测。

4. 当采用杯口基础时，杯口尺寸的允许偏差应符合《钢结构工程施工质量验收标准》（GB 50205—2020）表 10.2.4 的规定。

检查数量：按基础数抽查 10%，且不应少于 4 处。

检验方法：观察及用尺量检查。

5. 地脚螺栓（锚栓）尺寸的允许偏差应符合《钢结构工程施工质量验收标准》（GB 50205—2020）表 10.2.5 的规定。地脚螺栓（锚栓）的螺纹应受到保护。

检查数量：按柱基数抽查 10%，且不应少于 3 个。

检验方法：用钢尺现场实测。

6. 钢构件应符合设计要求和本规范的规定。运输、堆放和吊装等造成的钢构件变形及涂层脱落，应进行矫正和修补。

检查数量：按构件数抽查 10%，且不应少于 3 个。

检验方法：用拉线、钢尺现场实测或观察。

7. 钢柱安装的允许偏差应符合表 5-18 的规定。

检查数量：标准柱全部检查；非标准柱抽查 10%，且不应少于 3 根。

检验方法：用全站仪或激光经纬仪和钢尺实测。

表 5-18　钢柱安装的允许偏差（mm）

项目	允许偏差
柱脚底座中心线对定位轴线偏移	5.0
柱子定位轴线	1.0
单节柱的垂直度	$h/1000$，且不应大于 10.0

8. 设计要求顶紧的节点，接触面不应少于 70% 紧贴，且边缘最大间隙不应大于 0.8mm。

检查数量：按节点数抽查 10%，且不应少于 3 个。

检验方法：用钢尺及 0.3mm 和 0.8mm 厚的塞尺现场实测。

9. 钢主梁、次梁及受压杆件的垂直度和侧向弯曲矢高的允许偏差应符合《钢结构工程施工质量验收标准》（GB 50205—2020）表 10.4 中有关钢屋（托）架允许偏差的规定。

检查数量：按同类构件数抽查 10%，且不应少于 3 个。

检验方法：用吊线、拉线、经纬仪和钢尺现场实测。

10. 多层及高层钢结构主体结构的整体垂直度和整体平面弯曲的允许偏差应符合表 5-19 的规定。

检查数量：对主要立面全部检查。对每个所检查的立面，除两列角柱外，尚应至少选取一列中间柱。

检验方法：对于整体垂直度，可采用激光经纬仪、全站仪测量，也可根据各节柱的垂直度允许偏差累计（代数和）计算。对于整体平面弯曲，可按产生的允许偏差累计（代数和）计算。

表 5-19 整体垂直度和整体平面弯曲的允许偏差（mm）

项目	允许偏差
主体结构的整体垂直度	（$H/2500+10.0$），且不应大于 50.0
主体结构的整体平面弯曲	$L/1500$，且不应大于 25.0

11. 钢结构表面应干净，结构主要表面不应有疤痕、泥沙等污垢。

检查数量：按同类构件数抽查 10%，且不应少于 3 件。

检验方法：观察。

12. 钢柱等主要构件的中心线及标高基准点等标记应齐全。

检查数量：按同类构件数抽查 10%，且不应少于 3 件。

检验方法：观察。

13. 钢构件安装的允许偏差应符合《钢结构工程施工质量验收标准》（GB 50205—2020）中第 10 章的规定。

检查数量：按同类构件或节点数抽查 10%。其中柱和梁各不应少于 3 件，主梁与次梁连接节点不应少于 3 个，支承压型金属板的钢梁长度不应少于 5m。

检验方法：按《钢结构工程施工质量验收标准》（GB 50205—2020）第 10 章的规定。

14. 主体结构总高度的允许偏差应符合《钢结构工程施工质量验收标准》（GB 50205—2020）10.9 的规定。

检查数量：按标准柱列数抽查 10%，且不应少于 4 列。

检验方法：用全站仪、水准仪和钢尺实测。

15. 当钢构件安装在混凝土柱上时，其支座中心对定位轴线的偏差不应大于 10mm；当采用大型混凝土屋面板时，钢梁（或桁架）间距的偏差不应大于 10mm。

检查数量：按同类构件数抽查 10%，且不应少于 3 榀。

检验方法：用拉线和钢尺现场实测。

16. 多层及高层钢结构中钢吊车梁或直接承受动力荷载的类似构件，其安装的允许偏差应符合《钢结构工程施工质量验收标准》（GB 50205—2020）10.4 的规定。检查数量：按钢吊车梁数抽查 10%，且不应少于 3 榀。

检验方法：按《钢结构工程施工质量验收标准》（GB 50205—2020）10.4 的规定。

17. 多层及高层钢结构中檩条、墙架等次要构件安装的允许偏差应符合《钢结构工程施工质量验收标准》（GB 50205—2020）10.7 的规定。

检查数量：按同类构件数抽查 10%，且不应少于 3 件。

检验方法：按《钢结构工程施工质量验收标准》（GB 50205—2020）10.7 的规定。

5.9 钢网架结构安装工程

1. 本节适用于建筑工程中的平板型钢网架结构（简称"钢网架结构"）安装工程的

质量验收。

2. 钢网架结构安装工程可按变形缝、施工段或空间刚度单元划分成一个或若干检验批。

3. 钢网架结构安装检验批应在进场验收和焊接连接、紧固件连接、制作等分项工程验收合格的基础上进行验收。

4. 钢网架结构安装应遵照《钢结构工程施工质量验收标准》（GB 50205—2020）11.3 条的规定。

5. 钢网架结构支座定位轴线的位置、支座锚栓的规格应符合设计要求。

检查数量：按支座数抽查 10%，且不应少于 4 处。

检验方法：用经纬仪和钢尺实测。

6. 支承面顶板的位置、标高、水平度以及支座锚栓位置的允许偏差应符合表 5-20 的规定。

表 5-20　支承面顶板、支座锚栓位置的允许偏差（mm）

项目	允许偏差	
支承面顶板	位置	15.0
	顶面标高	0, −3.0
	顶面水平度	l/1000
支座锚栓	中心偏移	±5.0

检查数量：按支座数抽查 10%，且不应少于 4 处。

检验方法：用经纬仪、水准仪、水平尺和钢尺实测。

7. 支承垫块的种类、规格、摆放位置和朝向，必须符合设计要求和国家现行有关标准的规定。橡胶垫块与刚性垫块之间或不同类型刚性垫块之间不得互换使用。

检查数量：按支座数抽查 10%，且不应少于 4 处。

检验方法：观察和用钢尺实测。

8. 网架支座锚栓的紧固应符合设计要求。

检查数量：按支座数抽查 10%，且不应少于 4 处。

检验方法：观察。

9. 支座锚栓尺寸的允许偏差应符合《钢结构工程施工质量验收标准》的规定。支座锚栓的螺纹应受到保护。

检查数量：按支座数抽查 10%，且不应少于 4 处。

检验方法：用钢尺实测。

10. 小拼单元的允许偏差应符合表 5-21 的规定。

检查数量：按单元数抽查 5%，且不应少于 5 个。

检验方法：用钢尺和拉线等辅助量具实测。

11. 分条或分块单元的允许偏差应符合表 5-22 的规定。

检查数量：全数检查。

检验方法：用钢尺和辅助量具实测。

表 5-21 小拼单元的允许偏差（mm）

项目		允许偏差
节点中心偏移	$D \leqslant 500$	2.0
	$D > 500$	3.0
杆件中心与节点中心的偏移	$d\ (b)\ \leqslant 200$	2.0
	$d\ (b)\ > 200$	3.0
杆件轴线的弯曲矢高	—	$l_1/1000$，且不大于 5.0
网格尺寸	$l \leqslant 5000$	±2.0
	$l > 5000$	±3.0
锥体（桁架）高度	$h \leqslant 5000$	±2.0
	$h > 5000$	±3.0
对角线尺寸	$A \leqslant 7000$	±3.0
	$A > 7000$	±4.0
平面桁架节点处杆件轴线错位	$d\ (b) \leqslant 200$	2.0
	$d\ (b) > 200$	3.0

注：D 为节点直径，d 为杆件直径，b 为杆件截面边长，l_1 为杆件长度，l 为网格尺寸，h 为锥体（桁架）高度，A 为网格对角线尺寸。

表 5-22 分条或分块单元拼装长度的允许偏差（mm）

项目	允许偏差
分条、分块单元长度≤20m	±10.0
分条、分块单元长度>20m	±20.0

12. 对建筑结构安全等级为一级、跨度 40m 及以上的公共建筑钢网架结构，且设计有要求时，应按下列项目进行节点承载力试验，其结果应符合以下规定：

（1）焊接球节点应按设计指定规格的球及其匹配的钢管焊接成试件，进行轴心拉、压承载力试验，其试验破坏荷载值大于或等于 1.6 倍设计承载力为合格。

（2）螺栓球节点应按设计指定规格的球最大螺栓孔螺纹进行抗拉强度保证荷载试验，当达到螺栓的设计承载力时，螺孔、螺纹及封板仍完好无损为合格。

检查数量：每项试验做 3 个试件。

检验方法：在万能试验机上进行检验，检查试验报告。

13. 钢网架结构总拼完成后及屋面工程完成后应分别测量其挠度值，且所测的挠度值不应超过相应设计值的 1.15 倍。

检查数量：跨度 24m 及以下钢网架结构测量下弦中央一点；跨度 24m 以上钢网架结构测量下弦中央一点及各向下弦跨度的四等分点。

检验方法：用钢尺和水准仪实测。

14. 钢网架结构安装完成后，其节点及杆件表面应干净，不应有明显的疤痕、泥沙和污垢。螺栓球节点应将所有接缝用油腻子填嵌严密，并应将多余螺孔封口。

检查数量：按节点及杆件数抽查5％，且不应少于10个节点。

检验方法：观察。

15. 钢网架结构安装完成后，其安装的允许偏差应符合表2-46的规定。

检查数量：除杆件弯曲矢高按杆件数抽查5％外，其余全数检查。

检验方法：见表5-23。

表 5-23　钢网架、网壳结构安装的允许偏差（mm）

项目	允许偏差
纵向、横向长度	$\pm l/2000$，且不超过±40.0
支座中心偏移	$l/3000$，且不大于30.0
周边支承网架、网壳相邻支座高差	$l_1/400$，且不大于15.0
多点支承网架、网壳相邻支座高差	$l_1/800$，且不大于30.0
支座最大高差	30.0

5.10　压型金属板工程

1. 本节适用于压型金属板的施工现场制作和安装工程质量验收。

2. 压型金属板的制作和安装工程可按变形缝、楼层、施工段或屋面、墙面、楼面等划分为一个或若干个检验批。

3. 压型金属板安装应在钢结构安装工程检验批质量验收合格后进行。

4. 压型金属板成型后，其基板不应有裂纹。

检查数量：按计件数抽查5％，且不应少于10件。

检验方法：观察和用10倍放大镜检查。

5. 有涂层、镀层压型金属板成型后，涂、镀层不应有肉眼可见的裂纹、剥落和擦痕等缺陷。

检查数量：按计件数抽查5％，且不应少于10件。

检验方法：观察。

6. 压型钢板的尺寸允许偏差应符合表5-24的规定。

表 5-24　压型钢板制作的允许偏差（mm）

项目		允许偏差
波高	截面高度≤70	±1.5
	截面高度>70	±2.0

项目		允许偏差	
		搭接型	扣合型、咬合型
覆盖宽度	截面高度≤70	+10.0 −2.0	+3.0 −2.0
	截面高度>70	+6.0 −2.0	+3.0 −2.0
板长		+9.0 0	
波距±2.0			
横向剪切偏差（沿截面全宽 b）$b/100$ 或 6.0			
侧向弯曲	在测量长度 l_1 范围内	20.0	

注：l_1 为测量长度，指板长扣除两端各 0.5m 后的实际长度（小于 10m）或扣除后任选 10m 的长度。

检查数量：按计件数抽查 5%，且不应少于 10 件。

检验方法：用拉线和钢尺检查。

7. 压型金属板成型后，表面应干净，不应有明显凹凸和折皱。

检查数量：按计件数抽查 5%，且不应少于 10 件。

检验方法：观察。

8. 压型铝合金板施工现场制作的允许偏差应符合表 5-25 的规定。

检查数量：按计件数抽查 5%，且不应少于 10 件。

检验方法：用钢尺、角尺检查。

表 5-25　压型铝合金板制作的允许偏差（mm）

项目		允许偏差	
波高		±3.0	
		搭接型	扣合型、咬合型
覆盖宽度		+10.0 −2.0	+3.0 −2.0
板长		+25.0 0	
波距		±3.0	
压型铝合金板边缘波浪高度	每米长度内	≤5.0	
压型铝合金板纵向弯曲	每米长度内（距端部 250mm 内除外）	≤5.0	
压型铝合金板侧向弯曲	每米长度内	≤4.0	
	任意 10m 长度内	≤20	

注：波高、波距偏差为 3～5 个波的平均尺寸与其公称尺寸的差。

9. 压型金属板、泛水板和包角板等应固定可靠、牢固，防腐涂料涂刷和密封材料敷设应完好，连接件数量、间距应符合设计要求和国家现行有关标准规定。

检查数量：全数检查。

检验方法：观察及用尺量。

10. 压型金属板应在支承构件上可靠搭接，搭接长度应符合设计要求，且不应小于表 5-26 所规定的数值。

检查数量：按搭接部位总长度抽查 10％，且不应少于 10m。

检验方法：观察和用钢尺检查。

表 5-26　压型金属板在支承构件上的搭接长度（mm）

项目		搭接长度
屋面、墙面内层板		80
屋面外层板	屋面坡度≤10％	250
	屋面坡度＞10％	200
墙面外层板		120

11. 组合楼板中压型钢板与主体结构（梁）的锚固支承长度应符合设计要求，且不应小于 50mm，端部锚固件连接应可靠，设置位置应符合设计要求。

检查数量：沿连接纵向长度抽查 10％，且不应少于 10m。

检验方法：观察和用钢尺检查。

12. 压型金属板安装应平整、顺直，板面不应有施工残留物和污物。檐口和墙面下端应呈直线，不应有未经处埋的错钻孔洞。

检查数量：按面积抽查 10％，且不应少于 10m²。

检验方法：观察。

13. 压型金属板安装的允许偏差应符合表 5-27 的规定。

检查数量：檐口与屋脊的平行度：按长度抽查 10％，且不应少于 10m；其他项目每 20m 长度应抽查 1 处，不应少于 2 处。

检验方法：用拉线、吊线和钢尺检查。

表 5-27　压型金属板、泛水板、包角板和屋脊盖板安装的允许偏差（mm）

项目		允许偏差
屋面	檐口、屋脊与山墙收边的直线度；檐口与屋脊的平行度（如有）；泛水板、屋脊盖板与屋脊的平行度（如有）	12.0
	压型金属板板肋或波峰直线度；压型金属板板肋对屋脊的垂直度（如有）	L/800，且不大于 25.0
	檐口相邻两块压型金属板端部错位	6.0
	压型金属板卷边板件最大波浪高	4.0

项目		允许偏差
墙面	竖排板的墙板波纹线相对地面的垂直度	$H/800$，且不大于 25.0
	横排板的墙板波纹线与檐口的平行度	12.0
	墙板包角板相对地面的垂直度	$H/800$，且不大于 25.0
	相邻两块压型金属板的下端错位	6.0
组合楼板中压型钢板	压型金属板在钢梁上相邻列的错位 $\triangle$	15.00

注：L 为屋面半坡或单坡长度；H 为墙面高度。

5.11 钢结构涂装工程

1. 本节适用于钢结构的防腐涂料（油漆类）涂装和防火涂料涂装工程的施工质量验收。

2. 钢结构涂装工程可按钢结构制作或钢结构安装工程检验批的划分原则划分成一个或若干个检验批。

3. 钢结构普通涂料涂装工程应在钢结构构件组装、预拼装或钢结构安装工程检验批的施工质量验收合格后进行。钢结构防火涂料涂装工程应在钢结构安装工程检验批和钢结构普通涂料涂装检验批的施工质量验收合格后进行。

4. 涂装时的环境温度和相对湿度应符合涂料产品说明书的要求，当产品说明书无要求时，环境温度宜在 $5\sim38℃$ 之间，相对湿度不应大于 85%。涂装时构件表面不应有结露；涂装后 4h 内应保护免受雨淋。

5. 涂装前钢材表面除锈应符合设计要求和国家现行有关标准的规定。处理后的钢材表面不应有焊渣、焊疤、灰尘、油污、水和毛刺等。当设计无要求时，钢材表面除锈等级应符合表 5-28 的规定。

表 5-28 各种底漆或防锈漆要求最低的除锈等级

涂料品种	除锈等级
油性酚醛、醇酸等底漆或防锈漆	St3
高氯化聚乙烯、氯化橡胶、氯磺化聚乙烯、环氧树脂、聚氨酯等底漆或防锈漆	Sa2½
无机富锌、有机硅、过氯乙烯等底漆	Sa2½

检查数量：按构件数抽查 10%，且同类构件不应少于 3 件。

检验方法：用铲刀检查和用国家标准《涂覆涂料前钢材表面处理 表面清洁度的目视评定 第 1 部分：未涂覆过的钢材表面和全面清除原有涂层后的钢材表面的锈蚀

等级和处理等级》（GB/T 8923.1—2011）规定的图片对照观察检查。

6. 涂料、涂装遍数、涂层厚度均应符合设计要求。当设计对涂层厚度无要求时，涂层干漆膜总厚度室外应为 $150\mu m$，室内应为 $125\mu m$，其允许偏差为 $-25\mu m$。每遍涂层干漆膜厚度的允许偏差为 $-5\mu m$。

检查数量：按构件数抽查 10%，且同类构件不应少于 3 件。

检验方法：用干漆膜测厚仪检查。每个构件检测 5 处，每处的数值为 3 个相距 50mm 测点涂层干漆膜厚度的平均值。

7. 构件表面不应误涂、漏涂，涂层不应脱皮和返锈等。涂层应均匀、无明显皱皮、流坠、针眼和气泡等。

检查数量：全数检查。

检验方法：观察。

8. 当钢结构处在有腐蚀介质环境或外露且设计有要求时，应进行涂层附着力测试，在检测处范围内，当涂层完整程度达到 70% 以上时，涂层附着力达到合格质量标准的要求。

检查数量：按构件数抽查 1%，且不应少于 3 件，每件测 3 处。

检验方法：按照国家现行标准《漆膜附着力测定法》（GB 1720）或《色漆和清漆漆膜的划格试验》（GB/T 9286）执行。

9. 涂装完成后，构件的标志、标记和编号应清晰完整。

检查数量：全数检查。

检验方法：观察。

10. 防火涂料涂装前钢材表面除锈及防锈底漆涂装应符合设计要求和国家现行有关标准的规定。

检查数量：按构件数抽查 10%，且同类构件不应少于 3 件。

检验方法：表面除锈用铲刀检查和用国家标准《涂覆涂料前钢材表面处理　表面清洁度的目视评定　第 1 部分：未涂覆过的钢材表面和全面清除原有涂层后的钢材表面的锈蚀等级和处理等级》（GB/T 8923.1—2011）规定的图片对照观察检查。底漆涂装用干漆膜测厚仪检查，每个构件检测 5 处，每处的数值为 3 个相距 50mm 测点涂层干漆膜厚度的平均值。

11. 钢结构防火涂料的黏结强度、抗压强度应符合国家标准《钢结构防火涂料应用技术标准》（T/CECS24—2020）的规定。检验方法应符合国家标准《建筑构件用防火保护材料通用要求》（XF/T110—2013）的规定。

检查数量：每使用 100t 或不足 100t 薄涂型防火涂料应抽检一次黏结强度；每使用 500t 或不足 500t 厚涂型防火涂料应抽检一次黏结强度和抗压强度。

检验方法：检查复检报告。

12. 薄涂型防火涂料的涂层厚度应符合有关耐火极限的设计要求。厚涂型防火涂料涂层的厚度，80% 及以上面积应符合有关耐火极限的设计要求，且最薄处厚度不应低于设计要求的 85%。

检查数量：按同类构件数抽查 10%，且均不应少于 3 件。

检验方法：用涂层厚度测量仪、测针和钢尺检查。测量方法应符合国家标准《钢结构防火涂料应用技术规范》（T/CECS24—2020）及《钢结构工程施工质量验收标准》（GB 50205—2020）附录 E 的规定。

13. 薄涂型防火涂料涂层表面裂纹宽度不应大于 0.5mm；厚涂型防火涂料涂层表面裂纹宽度不应大于 1mm。

检查数量：按同类构件数抽查 10%，且均不应少于 3 件。

检验方法：观察和用尺量检查。

14. 防火涂料涂装基层不应有油污、灰尘和泥沙等污垢。

检查数量：全数检查。

检验方法：观察。

15. 防火涂料不应有误涂、漏涂，涂层应闭合无脱层、空鼓、明显凹陷、粉化松散和浮浆等外观缺陷，乳突已剔除。

检查数量：全数检查。

检验方法：观察。

5.12　钢结构分部工程竣工验收

1. 根据国家标准《建筑工程施工质量验收统一标准》（GB 50300—2013）的规定，钢结构作为主体结构之一应按子分部工程竣工验收；当主体结构均为钢结构时应按分部工程竣工验收。大型钢结构工程可划分成若干个子分部工程进行竣工验收。

2. 钢结构分部工程有关安全及功能的检验和见证检测项目见《钢结构工程施工质量验收标准》（GB 50205—2020），检验应在其分项工程验收合格后进行。

3. 钢结构分部工程有关观感质量检验应按《钢结构工程施工质量验收标准》（GB 50205—2020）附录 G 执行。

4. 钢结构分部工程合格质量标准应符合下列规定：

（1）各分项工程质量均应符合合格质量标准；

（2）质量控制资料和文件应完整；

（3）有关安全及功能的检验和见证检测结果应符合见《钢结构工程施工质量验收标准》（GB 50205—2020）相应合格质量标准的要求；

（4）有关观感质量应符合见《钢结构工程施工质量验收标准》（GB 50205—2020）相应合格质量标准的要求。

5. 钢结构分部工程竣工验收时，应提供下列文件和记录：

（1）钢结构工程竣工图纸及相关设计文件；

（2）施工现场质量管理检查记录；

（3）有关安全及功能的检验和见证检测项目检查记录；

（4）有关观感质量检验项目检查记录；

（5）分部工程所含各分项工程质量验收记录；

（6）分项工程所含各检验批质量验收记录；

（7）强制性条文检验项目检查记录及证明文件；

（8）隐蔽工程检验项目检查验收记录；

（9）原材料、成品质量合格证明文件、中文标志及性能检测报告；

（10）不合格项的处理记录及验收记录；

（11）重大质量、技术问题实施方案及验收记录；

（12）其他有关文件和记录。

6. 钢结构工程质量验收记录应符合下列规定：

（1）施工现场质量管理检查记录可按国家标准《建筑工程施工质量验收统一标准》（GB 50300—2013）中附录 A 进行；

（2）分项工程检验批验收记录可按《钢结构工程施工质量验收标准》（GB 50205—2020）附录 H 中表 H.0.1～表 H.0.15 进行；

（3）分项工程验收记录可按国家标准《建筑工程施工质量验收统一标准》（GB 50300—2013）中附录 F 进行；

（4）分部（子分部）工程验收记录可按国家标准《建筑工程施工质量验收统一标准》（GB 50300—2013）中附录 G 进行。

6 屋 面 工 程

6.1 基本规定

1. 屋面工程施工前，施工单位应进行图纸会审，并应编制屋面工程施工方案或技术措施。

2. 屋面工程所采用的防水、保温隔热材料应有产品合格证书和性能检测报告，材料的品种、规格、性能等应符合现行国家产品标准和设计要求。材料进场后，应按《屋面工程质量验收规范》（GB 50207—2012）附录 A 和附录 B 的规定抽样复验，并提出试验报告；不合格的材料，不得在屋面工程中使用。

3. 屋面工程完工后，应按规范的有关规定对细部构造、接缝、保护层等进行外观检验，并应进行淋水或蓄水检验。

4. 找平层的排水坡度应符合设计要求。平屋面采用结构找坡不应小于 3%，采用材料找坡宜为 2%；天沟、檐沟纵向找坡不应小于 1%，沟底水落差不得超过 200mm。

5. 基层与凸出屋面结构（女儿墙、山墙、天窗壁、变形缝、烟囱等）的交接处和基层的转角处，找平层均应做成圆弧形，圆弧半径应符合表 6-1 的要求。内部排水的水落口周围，找平层应做成略低的凹坑。

表 6-1　转角处圆弧半径

卷材种类	圆弧半径（mm）
沥青防水卷材	100～150
高聚物改性沥青防水卷材	50
合成高分子防水卷材	20

6. 找平层宜设分格缝，并嵌填密封材料。分格缝应留设在板端缝处，其纵横缝的最大间距：水泥砂浆或细石混凝土找平层，不宜大于 6m；沥青砂浆找平层，不宜大于 4m。

6.2 屋面保温层

1. 保温层应干燥，封闭式保温层的含水率应相当于该材料在当地自然风干状态下的平衡含水率。

2. 屋面保温层干燥有困难时，应采取排汽措施。

3. 保温层施工完成后，应及时进行找平层和防水层的施工；雨期施工时，保温层应采取遮盖措施。

6.3 卷材防水层

1. 卷材防水层应采用高聚物改性沥青防水卷材、合成高分子防水卷材或沥青防水卷材。所选用的基层处理剂、接缝胶黏剂、密封材料等配套材料应与铺贴的卷材材性相容。

2. 在坡度大于25％的屋面上采用卷材做防水层时，应采取固定措施。固定点应密封严密。

3. 卷材铺贴方向应符合下列规定：

（1）屋面坡度小于3％时，卷材宜平行屋脊铺贴；

（2）屋面坡度在3％～15％时，卷材可平行或垂直屋脊铺贴；

（3）屋面坡度大于15％或屋面受震动时，沥青防水卷材应垂直屋脊铺贴，高聚物改性沥青防水卷材和合成高分子防水卷材可平行或垂直屋脊铺贴。

4. 冷粘法铺贴卷材应符合下列规定：

（1）铺贴的卷材下面的空气应排尽，并辊压黏结牢固；

（2）铺贴卷材应平整顺直，搭接尺寸准确，不得扭曲、折皱；

（3）接缝口应用密封材料封严，宽度不应小于10mm。

5. 热熔法铺贴卷材应符合下列规定：

（1）火焰加热器加热卷材应均匀，不得过分加热或烧穿卷材；

（2）卷材表面热熔后立即滚铺卷材，卷材下面的空气应排尽，并辊压黏结牢固，不得空鼓；

（3）卷材接缝部位必须溢出热熔的改性沥青胶；

（4）铺贴的卷材应平整顺直，搭接尺寸准确，不得扭曲、折皱。

6. 自粘法铺贴卷材应符合下列规定：

（1）铺贴卷材前基层表面应均匀涂刷基层处理剂，干燥后应及时铺贴卷材；

（2）铺贴卷材时，应将自粘胶底面的隔离纸全部撕净；

（3）卷材下面的空气应排尽，并辊压黏结牢固；

（4）铺贴的卷材应平整顺直，搭接尺寸准确，不得扭曲、折皱；搭接部位宜采用热风加热，随即粘贴牢固；

（5）接缝口应用密封材料封严，宽度不应小于10mm。

7. 卷材防水层不得有渗漏或积水现象。检验方法：雨后或淋水、蓄水检验。

6.4 涂膜防水屋面工程

1. 防水涂膜施工应符合下列规定：

（1）涂膜应根据防水涂料的品种分层分遍涂布，不得一次涂成；

（2）先涂的涂层干燥成膜后，方可涂后一遍涂料。

2. 多组分涂料应按配合比准确计量，搅拌均匀，并应根据有效时间确定使用量。

3. 天沟、檐沟、檐口、泛水和立面涂膜防水层的收头，应用防水涂料多遍涂刷或用密封材料封严。

4. 涂膜防水层不得有渗漏或积水现象。

5. 卷材或涂膜防水层在天沟、檐沟与屋面交接处、泛水、阴阳角等部位，应增加卷材或涂膜附加层。

6. 伸出屋面管道的防水构造应符合下列要求：

（1）管道根部直径500mm范围内，找平层应抹出高度不小于30mm的圆台；

（2）管道周围与平层或细石混凝土防水层之间，应预留20mm×20mm的凹槽，并用密封材料嵌填严密；

（3）管道根部四周应增设附加层，宽度和高度均不应小于300mm；

（4）管道上的防水层收头处应用金属箍紧固，并用密封材料封严。

6.5 平瓦屋面

本节适用于防水等级为Ⅱ、Ⅲ级以上坡度不小于20%的屋面。

1. 平瓦屋面与立墙及凸出屋面结构等交接处，均应做泛水处理。天沟、檐沟的防水层，应采用合成高分子防水卷材、高聚物性沥青防水卷材、沥青防水卷材、金属板材或塑料板材等材料铺设。

2. 平瓦屋面的有关尺寸应符合下列要求：

（1）脊瓦在两坡面瓦上的搭盖宽度，每边不小于40mm；

（2）瓦伸入天沟、檐沟的长度为50～70mm；

（3）天沟、檐沟的防水层伸入瓦内宽度不小于150mm；

（4）瓦头挑出封檐板的长度为50～70mm；

（5）凸出屋面的墙或烟囱的侧面瓦伸入泛水宽度不小于50mm。

3. 平瓦及其脊瓦的质量必须符合设计要求。检验方法：观察，检查出厂合格证和质量检验报告。

4. 平瓦必须铺置牢固。地震设防地区或坡度大于50%的屋面，应采取固定加强措施。检验方法：观察和手扳检查。

5. 挂瓦条应分档均匀，铺钉平整、牢固；瓦面平整，行列整齐，搭接紧密，檐口平直。检验方法：观察。

6. 脊瓦应搭盖正确，间距均匀，封固严密；屋脊和斜脊应顺直，无起伏现象。检验方法：观察和手扳检查。

7. 泛水做法应符合设计要求，顺直整齐，结合严密，无渗漏。检验方法：观察，雨后或淋水检验。

6.6 架空屋面

1. 架空隔热层的高度应按照屋面宽度或坡度大小的变化确定。如设计无要求，一般以 100～300mm 为宜。当屋面宽度大于 10m 时，应设置通风屋脊。

2. 架空隔热制品支座底面的卷材、涂膜防水层上应采取加强措施，操作时不得损坏已完工的防水层。

3. 架空隔热制品的质量应符合下列要求：

（1）非上人屋面的黏土砖强度等级不应低于 MU7.5；上人屋面的黏土砖强度不应低于 MU10；

（2）混凝土板的强度等级不应低于 C20，板内宜加放钢丝网片。

4. 架空隔热制品的质量必须符合设计要求，严禁有断裂和露筋等缺陷。检验方法：观察并检查构件合格证或试验报告。

5. 架空隔热制品的铺设应平整、稳固，缝隙勾填应密实；架空隔热制品距山墙或女儿墙不得小于 250mm，架空层中不得堵塞，架空高度及变形缝做法应符合设计要求。检验方法：观察和用尺量检查。

6. 相邻两块制品的高低差不得大于 3mm。检验方法：用直尺和楔形塞尺检查。

6.7 分部工程验收

1. 屋面工程施工应按工序或分项工程进行验收，构成分项工程的各检验批应符合相应质量标准的规定。

2. 屋面工程隐蔽验收记录应包括以下主要内容：

（1）卷材、涂膜防水层的基层；

（2）密封防水处理部位；

（3）天沟、檐沟、泛水和变形缝等细部做法；

（4）卷材、涂膜防水层的搭接宽度和附加层；

（5）刚性保护层与卷材、涂膜防水层之间设置的隔离层。

3. 屋面工程质量应符合下列要求：

（1）防水层不得有渗漏或积水现象；

（2）使用的材料应符合设计要求和质量标准的规定；

（3）找平层表面应平整，不得有酥松、起砂、起皮现象；

（4）保温层的厚度、含水率和表观应符合设计要求；

（5）天沟、檐沟、泛水和变形缝等构造应符合设计要求；

（6）卷材铺贴方法和搭接顺序应符合设计要求，搭接宽度正确，接缝严密，不得有褶皱、鼓泡和翘边现象；

（7）涂膜防水层的厚度应符合设计要求，涂层无裂纹、褶皱、流淌、鼓泡和露胎体现象；

（8）刚性防水层表面应平整、压光，不起砂、不起皮、不开裂，分格缝应平直，位置正确；

（9）嵌缝密封材料应与两侧基层粘牢，密封部位光滑、平直，不得有开裂、鼓泡、下塌现象；

（10）平瓦屋面的基层应平整、牢固，瓦片排列整齐、平直，搭接合理，接缝严密，不得有残缺瓦片。

4. 检查屋面有无渗漏、积水和排水系统是否畅通，应在雨后或持续淋水 2h 后进行。有可能做蓄水检验的屋面，其蓄水时间不应少于 24h。

7 地下防水工程

7.1 基本规定

1. 地下防水工程必须由持有资质等级证书的防水专业队伍进行施工，主要施工人员应持有省级及以上建设行政主管部门或其指定单位颁发的执业资格证书或防水专业岗位证书。

2. 地下防水工程施工前，应通过图纸会审，掌握结构主体及细部构造的防水要求，施工单位应编制《防水工程专项施工方案》，经监理单位或建设单位审查批准后执行。

3. 防水材料必须经具备相应资质的检测单位进行抽样检验，并出具产品性能检测报告。

4. 地下防水工程的施工，应建立各道工序的自检、交接检和专职人员检查的制度，并有完整的检查记录。工程隐蔽前，应由施工单位通知有关单位进行验收，并形成隐蔽工程验收记录。未经监理单位或建设单位代表对上道工序进行检查确认，不得进行下一道工序的施工。

5. 地下防水工程施工期间，必须保持地下水位稳定在工程底部最低高程 500mm 以下，必要时应采取降水措施。对采用明沟排水的基坑，应保持基坑干燥。

7.2 防水混凝土

1. 防水混凝土的原材料、配合比及坍落度必须符合设计要求。检验方法：检查产品合格证，包括产品性能检测报告、计量措施和材料进场检验报告。

2. 防水混凝土的抗压强度和抗渗性能必须符合设计要求。检验方法：检查混凝土抗压强度、抗渗性能检验报告。

3. 防水混凝土结构的施工缝、变形缝、后浇带、穿墙管、埋设等设置和构造必须符合设计要求。检验方法：观察检查和检查隐蔽工程验收记录。

4. 防水混凝土结构表面应坚实、平整，不得有露筋、蜂窝等缺陷；埋设件位置应准确。检验方法：观察。

5. 防水混凝土结构表面的裂缝宽度不应大于 0.2mm，且不得贯通。检验方法：用刻度放大镜检查。

7.3 水泥砂浆防水层

1. 水泥砂浆防水层的基层质量应符合下列规定：

(1) 基层表面应平整、坚实、清洁，并应充分湿润、无明水；

(2) 基层表面的孔洞、缝隙，应采用与防水层相同的水泥砂浆堵塞并抹平；

(3) 施工前应将埋设件、穿墙管预留凹槽内嵌填密封材料后，再进行水泥砂浆防水层施工。

2. 水泥砂浆防水层施工应符合下列规定：

(1) 水泥砂浆的配制，应按所掺材料的技术要求准确计量。

(2) 分层铺抹或喷涂，铺抹时应压实、抹平，最后一层表面应提浆压光。

(3) 防水层各层应紧密黏合，每层宜连续施工。必须留设施工缝时，应采用阶梯坡形槎，但与阴阳角处的距离不得小于 200mm。

(4) 水泥砂浆终凝后应及时进行养护，养护温度不宜低于 5℃，并应保持砂浆表面湿润，养护时间不得少于 14d。聚合物水泥防水砂浆未达到硬化状态时，不得浇水养护或直接受雨水冲刷，硬化后应采用干湿交替的养护方法。潮湿环境中，可在自然条件下养护。

3. 防水砂浆的原材料及配合比必须符合设计规定。检验方法：检查产品合格证、产品性能检测报告、计量措施和材料进场检验报告。

4. 防水砂浆的黏结强度和抗渗性能必须符合设计规定。检验方法：检查砂浆黏结强度和抗渗性能检验报告。

5. 水泥砂浆防水层与基层之间应结合牢固，无空鼓现象。检验方法：观察和用小锤轻击检查。

7.4 卷材防水层

1. 卷材防水层应采用高聚物改性沥青类防水卷材和合成高分子类防水卷材。所选用的基层处理剂、胶黏剂、密封材料等均应与铺贴的卷材相匹配。

2. 铺贴防水卷材前，基面应干净、干燥，并应涂刷基层处理剂。当基面潮湿时，应涂刷潮湿固化型胶黏剂或潮湿界面隔离剂。

3. 基层阴阳角应做成圆弧或 45°坡角，其尺寸应根据卷材品种来确定。在转角处、变形缝、施工缝、穿墙管等部位应铺贴卷材加强层，加强层宽度不应小于 500mm。

4. 冷粘法铺贴卷材应符合下列规定：

(1) 胶黏剂应涂刷均匀，不得露底、堆积；

(2) 根据胶黏剂的性能，应控制胶黏剂涂刷与卷材铺贴的间隔时间；

（3）铺贴时不得用力拉伸卷材，排除卷材下面的空气，辊压粘贴牢固；

（4）铺贴卷材应平整、顺直，搭接尺寸准确，不得扭曲、褶皱；

（5）卷材接缝部位应采用专用胶黏剂或胶黏带满粘，接缝口应用密封材料封严，其宽度不应小于10mm。

5．热熔法铺贴卷材应符合下列规定：

（1）火焰加热器加热卷材应均匀，不得加热不足或烧穿卷材；

（2）卷材表面热熔后应立即滚铺，排除卷材下面的空气，并粘贴牢固；

（3）铺贴卷材应平整、顺直，搭接尺寸准确，不得扭曲、褶皱；

（4）卷材接缝部位应溢出热熔的改性沥青胶料，并粘贴牢固，封闭严密。

6．自粘法铺贴卷材应符合下列规定：

（1）铺贴卷材时，应将有黏性的一面朝向主体结构；

（2）外墙、顶板铺贴时，排除卷材下面的空气，辊压粘贴牢固；

（3）铺贴卷材应平整、顺直，搭接尺寸准确，不得扭曲、褶皱和起泡；

（4）立面卷材铺贴完成后，应将卷材端头固定，并应用密封材料封严；

（5）低温施工时，宜对卷材和基面采用热风适当加热，然后铺贴卷材。

7．卷材防水层所用卷材及其配套材料必须符合设计要求。检验方法：检查产品合格证、产品性能检测报告和材料进场检验报告。

8．卷材防水层在转角处、变形缝、施工缝、穿墙管等部位做法必须符合设计要求。检验方法：观察和检查隐蔽工程验收记录。

9．卷材防水层的搭接缝应粘贴或焊接牢固，密封严密，不得有扭曲、折皱、翘边和起泡等缺陷。检验方法：观察。

10．采用外防外贴法铺贴卷材防水层时，立面卷材接槎的搭接宽度，高聚物改性沥青类卷材应为150mm，合成高分子类卷材应为100mm，且上层卷材应盖过下层卷材。

7.5 涂料防水层

1．涂料防水层适用于受侵蚀性介质作用或受振动作用的地下工程；有机防水涂料宜用于主体结构的迎水面，无机防水涂料宜用于主体结构的迎水面或背水面。

2．涂料防水层的施工应符合下列规定：

（1）多组分涂料应按配合比准确计量，搅拌均匀，并应根据有效时间确定每次配制的用量。

（2）涂料应分层涂刷或喷涂，涂层应均匀，涂刷应待前遍涂层干燥成膜后进行。每遍涂刷时应交替改变涂层的涂刷方向，同层涂膜的先后搭压宽度宜为30～50mm。

（3）涂料防水层的甩槎处接槎宽度不应小于100mm，接涂前应将其甩槎表面处理干净。

（4）采用有机防水涂料时，基层阴阳角处应做成圆弧；在转角处、变形缝、施工缝、穿墙管等部位应增加胎体增强材料和增涂防水涂料，宽度不应小于500mm。

（5）胎体增强材料的搭接宽度不应小于100mm。上下两层和相邻两幅胎体的接缝应错开1/3幅宽，且上下两层胎体不得相互垂直铺贴。

3. 涂料防水层完工并经验收合格后应及时做保护层。保护层应符合《地下防水工程质量验收规范》（GB 50208—2011）第2.3.13条的规定。

4. 涂料防水层所用的材料及配合比必须符合设计要求。检验方法：检查产品合格证、产品性能检测报告、计量措施和材料进场检验报告。

5. 涂料防水层的平均厚度应符合设计要求，最小厚度不得小于设计厚度的90％。检验方法：用针测法检查。

6. 涂料防水层在转角处、变形缝、施工缝、穿墙管等部位做法必须符合设计要求。检验方法：观察和检查隐蔽工程验收记录。

7. 涂料防水层应与基层黏结牢固，涂刷均匀，不得流淌、鼓泡、露槎。检验方法：观察。

8. 涂层间夹铺胎体增强材料时，应使防水涂料浸透胎体覆盖完全，不得有胎体外露现象。检验方法：观察。

9. 侧墙涂料防水层的保护层与防水层应结合紧密，保护层厚度应符合设计要求。检验方法：观察。

7.6 细部构造

1. 施工缝用止水带、遇水膨胀止水条或止水胶、水泥基渗透结晶型防水涂料和预埋注浆管必须符合设计要求。检验方法：检查产品合格证、产品性能检测报告和材料进场检验报告。

2. 施工缝防水构造必须符合设计要求。检验方法：观察和检查隐蔽工程验收记录。

3. 墙体水平施工缝应留设在高出底板表面不小于300mm的墙体上。拱、板与墙结合的水平施工缝，宜留在拱、板与墙交接处以下150～300mm处；垂直施工缝应避开地下水和裂隙水较多的地段，并宜与变形缝相结合。检验方法：观察和检查隐蔽工程验收记录。

4. 水平施工缝浇筑混凝土前，应将其表面浮浆和杂物清除，然后铺设净浆、涂刷混凝土界面处理剂或水泥基渗透结晶型防水涂料，再铺30～50mm厚的1：1水泥砂浆，并及时浇筑混凝土。检验方法：观察和检查隐蔽工程验收记录。

5. 中埋式止水带及外贴式止水带埋设位置应准确，固定应牢靠。检验方法：观察和检查隐蔽工程验收记录。

6. 遇水膨胀止水条应具有缓膨胀性能。止水条与施工缝基面应密贴，中间不得有空鼓、脱离等现象，应牢固地安装在缝表面或预留凹槽内，止水条采用搭接连接时，搭接宽度不得小于30mm。检验方法：观察和检查隐蔽工程验收记录。

7. 变形缝用止水带、填缝材料和密封材料必须符合设计要求。检验方法：检查产品合格证、产品性能检测报告和材料进场检验报告。

8. 中埋式止水带埋设位置应准确，其中间空心圆环与变形缝的中心线应重合。检验方法：观察和检查隐蔽工程验收记录。

9. 中埋式止水带的接缝应设在边墙较高位置上，不得设在结构转角处；接头宜采用热压焊接，接缝应平整、牢固，不得有裂口和脱胶现象。检验方法：观察和检查隐蔽工程验收记录。

10. 中埋式止水带在转弯处应做成圆弧形，顶板、底板内止水带应安装成盆状，并宜采用专用钢筋套或扁钢固定。检验方法：观察和检查隐蔽工程验收记录。

11. 嵌填密封材料的缝内两侧基面应平整、洁净、干燥，并应涂刷基层处理剂；嵌缝底部应设置背衬材料；密封材料嵌填应严密、连续、饱满，黏结牢固。检验方法：观察和检查隐蔽工程验收记录。

12. 变形缝处表面粘贴卷材或涂刷涂料前，应在缝上设置隔离层和加强层。检验方法：观察和检查隐蔽工程验收记录。

13. 补偿收缩混凝土的原材料及配合比必须符合设计要求。检验方法：检查产品合格证、产品性能检测报告、计量措施和材料进场检验报告。

14. 后浇带防水构造必须符合设计要求。检验方法：观察和检查隐蔽工程验收记录。

15. 采用掺膨胀剂的补偿收缩混凝土，其抗压强度、抗渗性能和限制膨胀率必须符合设计要求。检验方法：检查混凝土抗压强度、抗渗性能和水中养护14d后的限制膨胀率检验报告。

16. 后浇带混凝土应一次浇筑，不得留设施工缝。混凝土浇筑后应及时养护，养护时间不得少于28d。检验方法：观察和检查隐蔽工程验收记录。

17. 穿墙管用遇水膨胀止水条和密封材料必须符合设计要求。检验方法：检查产品合格证、产品性能检测报告和材料进场检验报告。

18. 穿墙管防水构造必须符合设计要求。检验方法：观察和检查隐蔽工程验收记录。

19. 固定式穿墙管应加焊止水环或环绕遇水膨胀止水圈，并做好防腐处理。穿墙管应在主体结构迎水面预留凹槽，槽内应用密封材料嵌填密实。检验方法：观察和检查隐蔽工程验收记录。

20. 桩头用聚合物水泥防水砂浆、水泥基渗透结晶型防水涂料、遇水膨胀止水条或止水胶和密封材料必须符合设计要求。检验方法：检查产品合格证、产品性能检测报告和材料进场检验报告。

21. 桩头混凝土应密实，如发现渗漏水应及时采取封堵措施。检验方法：观察和检查隐蔽工程验收记录。

22. 桩头顶面和侧面裸露处应涂刷水泥基渗透结晶型防水涂料，并延伸到结构底板垫层150mm处。桩头四周300mm范围内应抹聚合物水泥防水砂浆过渡层。检验方法：观察和检查隐蔽工程验收记录。

23. 结构底板防水层应做在聚合物水泥防水砂浆过渡层上并延伸至桩头侧壁，其与桩头侧壁接缝处应采用密封材料嵌填。检验方法：观察和检查隐蔽工程验收记录。

24. 孔口用防水卷材、防水涂料和密封材料必须符合设计要求。检验方法：检查产品合格证、产品性能检测报告、材料进场检验报告。

25. 孔口防水构造必须符合设计要求。检验方法：观察和检查隐蔽工程验收记录。

26. 人员出入口高出地面不应小于500mm。汽车出入口设置明沟排水时，其高出地面宜为150mm，并应采取防雨措施。检验方法：观察和用尺量检查。

27. 窗井内的底板应低于窗下缘300mm。窗井墙高出室外地面不得小于500mm，窗井外地面应做散水，散水与墙面间应采用密封材料嵌填。检验方法：观察和用尺量检查。

8 建筑地面工程

8.1 基层铺设

8.1.1 一般规定

1. 建筑地面工程采用的材料或产品应符合设计要求和国家现行有关标准的规定。无国家现行标准的，应具有省级住房和城乡建设行政主管部门的技术认可文件。材料或产品进场时还应符合下列规定：

（1）应有质量合格证明文件；

（2）应对型号、规格、外观等进行验收，对重要材料或产品应抽样进行复验。

2. 建筑地面工程采用的大理石、花岗石、料石等天然石材以及砖、预制板块、地毯、人造板材、胶黏剂、涂料、水泥、砂、石、外加剂等材料或产品应符合国家现行有关室内环境污染控制和放射性、有害物质限量的规定。材料进场时应具有检测报告。

3. 厕浴间和有防滑要求的建筑地面应符合设计防滑要求。

4. 厕浴间、厨房和有排水（或其他液体）要求的建筑地面层与相连接各类面层的标高差应符合设计要求。

8.1.2 基土

1. 地面应铺设在均匀密实的基土上。土层结构被扰动的基土应进行换填，并予以压实。压实系数应符合设计要求。

2. 对软弱土层应按设计要求进行处理。

3. 填土应分层摊铺、分层压（夯）实、分层检验其密实度。填土质量应符合国家标准《建筑地基基础工程施工质量验收标准》（GB 50202—2018）的有关规定。

4. 基土不应用淤泥、腐殖土、冻土、耕植土、膨胀土和建筑杂物作为填土，填土土块的粒径不应大于 50mm。检验方法：观察和检查土质记录。检查数量：按《建筑地面工程施工质量验收规范》（GB 50209—2010）第 3.0.21 条规定的检验批检查。

8.1.3 垫层

1. 碎石垫层和碎砖垫层厚度不应小于 100mm。

2. 垫层应分层压（夯）实，达到表面坚实、平整。

3. 水泥混凝土垫层的厚度不应小于 60mm；陶粒混凝土垫层的厚度不应小于 80mm。

4. 垫层铺设前，其下一层表面应湿润。

5. 室内地面的水泥混凝土垫层和陶粒混凝土垫层应设置纵向缩缝和横向缩缝，纵向缩缝、横向缩缝的间距均不得大于 6m。

6. 工业厂房、礼堂、门厅等大面积水泥混凝土、陶粒混凝土垫层应分区段浇筑。分区段应结合变形缝位置、不同类型的建筑地面连接处和设备基础的位置进行划分，并应与设置的纵向、横向缩缝的间距相一致。

7. 找平层宜采用水泥砂浆或水泥混凝土铺设。当找平层厚度小于 30mm 时，宜用水泥砂浆做找平层；当找平层厚度不小于 30mm 时，宜用细石混凝土做找平层。

8. 有防水要求的建筑地面工程，铺设前必须对立管、套管和地漏与楼板节点之间进行密封处理，并应进行隐蔽验收；排水坡度应符合设计要求。

9. 在预制钢筋混凝土板上铺设找平层前，板缝填嵌的施工应符合下列要求：

（1）预制钢筋混凝土板相邻缝底宽不应小于 20mm。

（2）填嵌时，板缝内应清理干净，保持湿润。

（3）填缝应采用细石混凝土，其强度等级不应小于 C20。填缝高度应低于板面 10～20mm，且振捣密实；填缝后应养护。当填缝混凝土的强度等级达到 C15 后方可继续施工。

（4）当板缝底宽大于 40mm 时，应按设计要求配置钢筋。

10. 在水泥类找平层上铺设卷材类、涂料类防水、防油渗隔离层时，其表面应坚固、洁净、干燥。铺设前应涂刷基层处理剂。基层处理剂应采用与卷材性能相容的配套材料或采用与涂料性能相容的同类涂料的冷底子油。

11. 厕浴间和有防水要求的建筑地面必须设置防水隔离层。楼层结构必须采用现浇混凝土或整块预制混凝土板，混凝土强度等级不应小于 C20；房间的楼板四周除门洞外应做混凝土翻边，高度不应小于 200mm，宽同墙厚，混凝土强度等级不应小于 C20。施工时结构层标高和预留孔洞位置应准确，严禁乱凿洞。检验方法：观察和用钢尺检查。检查数量：按《建筑地面工程施工质量验收规范》（GB 50209—2010）第 3.0.21 条规定的检验批检查。

12. 防水隔离层严禁渗漏，排水的坡向应正确，排水通畅。检验方法：观察，蓄水、泼水检验，用坡度尺检查并检查验收记录。检查数量：按《建筑地面工程施工质量验收规范》（GB 50209—2010）第 3.0.21 条规定的检验批检查。

8.2 地面面层铺设

1. 铺设整体面层时，水泥类基层的抗压强度不得小于 1.2MPa；表面应粗糙、洁净、湿润并不得有积水。铺设前宜凿毛或涂刷界面剂。硬化耐磨面层、自流平面层的基层处理应符合设计及产品的要求。

2. 铺设整体面层时，地面变形缝的位置应符合《建筑地面工程施工质量验收规范》（GB 50209—2010）第3.0.16条的规定，大面积水泥类面层应设置分格缝。

3. 整体面层施工后，养护时间不应少于7d；抗压强度应达到5MPa后方准上人行走。抗压强度应达到设计要求后，方可正常使用。

4. 当采用掺有水泥拌和料做踢脚线时，不得用石灰混合砂浆打底。

5. 水泥类整体面层的抹平工作应在水泥初凝前完成，压光工作应在水泥终凝前完成。

6. 整体面层的允许偏差和检验方法应符合表8-1的规定。

表 8-1 整体面层的允许偏差和检验方法

项次	项目	允许偏差（mm）									检验方法
		水泥混凝土面层	水泥砂浆面层	普通水磨石面层	高级水磨石面层	硬化耐磨面层	防油渗混凝土和不发火（防爆）面层	自流平面层	涂料面层	塑胶面层	
1	表面平整度	5	4	3	2	4	5	2	2	2	用2m靠尺和楔形塞尺检查
2	踢脚线上口平直	4	4	3	3	4	4	3	3	3	拉5m线和用钢尺检查
3	缝格顺直	3	3	3	2	3	3	2	2	2	

7. 水泥混凝土面层厚度应符合设计要求。

8. 水泥混凝土面层铺设不得留施工缝。当施工间隙超过允许时间规定时，应对接槎处进行处理。

9. 水泥混凝土采用的粗骨料，最大粒径不应大于面层厚度的2/3，细石混凝土面层采用的石子粒径不应大于16mm。检验方法：观察并检查质量合格证明文件。检查数量：同一工程、同一强度等级、同一配合比检查一次。

10. 面层与下一层应结合牢固，且应无空鼓和开裂。当出现空鼓时，空鼓面积不应大于400cm²，且每自然间或标准间不应多于2处。检验方法：观察和用小锤轻击检查。检查数量：按《建筑地面工程施工质量验收规范》（GB 50209—2010）第3.0.21条规定的检验批检查。

11. 水泥砂浆的体积比（强度等级）应符合设计要求，且体积比应为1：2，强度等级不应小于M15。检验方法：检查强度等级检测报告。检查数量：按《建筑地面工程施工质量验收规范》（GB 50209—2010）第3.0.19条的规定检查。

12. 有排水要求的水泥砂浆地面，坡向应正确，排水通畅；防水水泥砂浆面层不应渗漏。检验方法：观察，蓄水、泼水检验或坡度尺检查及检查检验记录。检查数量：按《建筑地面工程施工质量验收规范》（GB 50209—2010）第 3.0.21 条规定的检验批检查。

13. 面层与下一层应结合牢固，且应无空鼓和开裂。当出现空鼓时，空鼓面积不应大于 400cm²，且每自然间或标准间不应多于 2 处。检验方法：观察和用小锤轻击检查。检查数量：按《建筑地面工程施工质量验收规范》（GB 50209—2010）第 3.0.21 条规定的检验批检查。

14. 自流平面层的铺涂材料应符合设计要求和国家现行有关标准的规定。检验方法：观察并检查型号检验报告、出厂检验报告、出厂合格证。检查数量：同一工程、同一材料、同一生产厂家、同一型号、同一规格、同一批号检查一次。

15. 自流平面层的涂料进入施工现场时，应有以下有害物质限量合格的检测报告：

（1）水性涂料中的挥发性有机化合物（VOC）和游离甲醛；

（2）溶剂型涂料中的苯、甲苯、二甲苯、挥发性有机化合物（VOC）和游离甲苯二异氰醛酯（TDI）。检验方法：检查检测报告。检查数量：同一工程、同一材料、同一生产厂家、同一型号、同一规格、同一批号检查一次。

16. 自流平面层的各构造层之间应黏结牢固，层与层之间不应出现分离、空鼓现象。检验方法：用小锤轻击检查。检查数量：按《建筑地面工程施工质量验收规范》（GB 50209—2010）第 3.0.21 条规定的检验批检查。

17. 自流平面层的表面不应有开裂、漏涂和倒泛水、积水等现象。检验方法：观察和泼水检查。检查数量：按《建筑地面工程施工质量验收规范》（GB 50209—2010）第 3.0.21 条规定的检验批检查。

18. 自流平面层应分层施工，面层找平施工时不应留有抹痕。检验方法：观察和检查施工记录。检查数量：按《建筑地面工程施工质量验收规范》（GB 50209—2010）第 3.0.21 条规定的检验批检查。

19. 自流平面层表面应光洁，色泽应均匀、一致，不应有起泡、泛砂等现象。检验方法：观察。

检查数量：按《建筑地面工程施工质量验收规范》（GB 50209—2010）第 3.0.21 条规定的检验批检查。

20. 涂料进入施工现场时，应有苯、甲苯、二甲苯、挥发性有机化合物（VOC）和游离甲苯二异氰醛酯（TDI）限量合格的检测报告。检验方法：检查检测报告。检查数量：同一材料、同一生产厂家、同一型号、同一规格、同一批号检查一次。

21. 涂料面层的表面不应有开裂、空鼓、漏涂和倒泛水、积水等现象。检验方法：

观察和泼水检查。检查数量：按《建筑地面工程施工质量验收规范》（GB 50209—2010）第 3.0.21 条规定的检验批检查。

22. 涂料找平层应平整，不应有刮痕。检验方法：观察。检查数量：按《建筑地面工程施工质量验收规范》（GB 50209—2010）第 3.0.21 条规定的检验批检查。

23. 涂料面层应光洁，色泽应均匀、一致，不应有起泡、起皮、泛砂等现象。检验方法：观察。检查数量：按《建筑地面工程施工质量验收规范》（GB 50209—2010）第 3.0.21 条规定的检验批检查。

24. 塑胶面层采用的材料应符合设计要求和国家现行有关标准的规定。检验方法：观察和检查型式检验报告、出厂检验报告、出厂合格证。检查数量：现浇型塑胶材料按同一工程、同一配合比检查一次；塑胶卷材按同一工程、同一材料、同一生产厂家、同一型号、同一规格、同一批号检查一次。

25. 现浇型塑胶面层的配合比应符合设计要求，成品试件应检测合格。检验方法：检查配合比试验报告、试件检测报告。检查数量：同一工程、同一配合比检查一次。

26. 现浇型塑胶面层与基层应黏结牢固，面层厚度应一致，表面颗粒应均匀，不应有裂痕、分层、气泡、脱（秃）粒等现象；塑胶卷材面层的卷材与基层应黏结牢固，面层不应有断裂、起泡、起鼓、空鼓、脱胶、翘边、溢液等现象。检验方法：观察和用敲击法检查。检查数量：按《建筑地面工程施工质量验收规范》（GB 50209—2010）第 3.0.21 条规定的检验批检查。

27. 塑胶面层的各组合层厚度、坡度、表面平整度应符合设计要求。

28. 塑胶面层应表面洁净，图案清晰，色泽一致；拼缝处的图案、花纹应吻合，无明显高低差及缝隙，无胶痕；与周边接缝应严密，阴阳角应方正、收边整齐。检验方法：观察。检查数量：按《建筑地面工程施工质量验收规范》（GB 50209—2010）第 3.0.21 条规定的检验批检查。

8.3　板块面层铺设

1. 铺设板块面层时，其水泥类基层的抗压强度不得小于 1.2MPa。

2. 铺设水泥混凝土板块、水磨石板块、人造石板块、陶瓷锦砖、陶瓷地砖、缸砖、水泥花砖、料石、大理石、花岗石等面层的结合层和填缝材料采用水泥浆时，在面层铺设后，表面应覆盖、湿润，养护时间不应少于 7d。当板块面层的水泥砂浆结合层的抗压强度达到设计要求后，方可正常使用。

3. 小于 1/4 板块边长的边角，影响观感效果，故规定不得小于 1/4 板块边长。

4. 板块面层的允许偏差和检验方法应符合表 8-2 的规定。

表 8-2　板块面层的允许偏差和检验方法

| 项次 | 项目 | 允许偏差（mm） | | | | | | | | | | | 检验方法 |
		陶瓷锦砖面层、高级水磨石板、陶瓷地砖面层	缸砖面层	水泥花砖面层	水磨石板块面层	大理石面层、花岗石面层、人造石面层、金属板面层	塑料板面层	水泥混凝土板块面层	碎拼大理石、碎拼花岗石面层	活动地板面层	条石面层	块石面层	
1	表面平整度	2.0	4.0	3.0	3.0	1.0	2.0	4.0	3.0	2.0	10	10	用2m靠尺和楔形塞尺检查
2	缝格平直	3.0	3.0	3.0	3.0	2.0	3.0	3.0	—	2.5	8.0	8.0	拉5m线和用钢尺检查
3	接缝高低差	0.5	1.5	0.5	1.0	0.5	0.5	1.5		0.4	2.0		用钢尺和楔形塞尺检查
4	踢脚线上口平直	3.0	4.0		4.0	1.0	2.0	4.0	1.0				拉5m线和用钢尺检查
5	板块间隙宽度	2.0	2.0	2.0	2.0	1.0		6.0	—	0.3	0.5		用钢尺检查

5. 在水泥砂浆结合层上铺贴缸砖、陶瓷地砖和水泥花砖面层时，应符合下列规定：

（1）在铺贴前，应对砖的规格尺寸、外观质量、色泽等进行预选；需要时，浸水湿润晾干待用；

（2）勾缝和压缝应采用同品种、同强度等级、同颜色的水泥，并做养护和保护。

6. 砖面层所用板块产品应符合设计要求和国家现行有关标准的规定。检验方法：观察和检查型式检验报告、出厂检验报告、出厂合格证。检查数量：同一工程、同一材料、同一生产厂家、同一型号、同一规格、同一批号检查一次。

7. 砖面层所用板块产品进入施工现场时，应有放射性限量合格的检测报告。检验方法：检查检测报告。检查数量：同一工程、同一材料、同一生产厂家、同一型号、同一规格、同一批号检查一次。

8. 板材有裂缝、掉角、翘曲和表面有缺陷时应予剔除，品种不同的板材不得混杂使用；在铺设前，应根据石材的颜色、花纹、图案、纹理等按设计要求，试拼编号。

9. 大理石、花岗石面层所用板块产品应符合设计要求和国家现行有关标准的规定。检验方法：观察和检查质量合格证明文件。检查数量：同一工程、同一生产厂家、同一型号、同一规格、同一批号检查一次。

10. 大理石、花岗石面层所用板块产品进入施工现场时，应有放射性限量合格的检测报告。检验方法：检查检测报告。检查数量：同一工程、同一材料、同一生产厂家、同一型号、同一规格、同一批号检查一次。

11. 大理石、花岗石面层铺设前，板块的背面和侧面应进行防碱处理。检验方法：观察和检查施工记录。检查数量：按《建筑地面工程施工质量验收规范》（GB 50209—2010）第3.0.21条规定的检验批检查。

12. 大理石、花岗石面层的表面应洁净、平整、无磨痕，且应图案清晰、色泽一致，接缝均匀，周边顺直，镶嵌正确，板块应无裂纹、掉角、缺棱等缺陷。检验方法：观察。检查数量：按《建筑地面工程施工质量验收规范》（GB 50209—2010）第3.0.21条规定的检验批检查。

13. 面层表面的坡度应符合设计要求，不倒泛水、无积水；与地漏、管道结合处应严密牢固，无渗漏。检验方法：观察、泼水或用坡度尺及蓄水检查。检查数量：按《建筑地面工程施工质量验收规范》（GB 50209—2010）第3.0.21条规定的检验批检查。

8.4 地毯面层

1. 地毯面层应采用地毯块材或卷材，以空铺法或实铺法铺设。

2. 铺设地毯的地面面层（或基层）应坚实、平整、洁净、干燥，无凹坑、麻面、起砂、裂缝，并不得有油污、钉头及其他凸出物。

3. 地毯衬垫应满铺平整，地毯拼缝处不得露底衬。

4. 空铺地毯面层应符合下列要求：

（1）块材地毯宜先拼成整块，然后按设计要求铺设；

（2）块材地毯的铺设，块与块之间应挤紧服帖；

（3）卷材地毯宜先长向缝合，然后按设计要求铺设；

（4）地毯面层的周边应压入踢脚线下；

（5）地毯面层与不同类型的建筑地面面层的连接处，其收口做法应符合设计要求。

5. 实铺地毯面层应符合下列要求：

（1）实铺地毯面层采用的金属卡条（倒刺板）、金属压条、专用双面胶带、胶黏剂等应符合设计要求；

（2）铺设时，地毯的表面层宜张拉适度，四周应采用卡条固定；门口处宜用金属压条或双面胶带等固定；

（3）地毯周边应塞入卡条和踢脚线下；

（4）地毯面层采用胶黏剂或双面胶带黏结时，应与基层粘贴牢固。

6. 地毯面层采用的材料进入施工现场时，应有地毯、衬垫、胶黏剂中的挥发性有机化合物（VOC）和甲醛限量合格的检测报告。检验方法：检查检测报告。检查数量：同一工程、同一材料、同一生产厂家、同一型号、同一规格、同一批号检查一次。

7. 地毯表面不应起鼓、起皱、翘边、卷边及明显拼缝、露线和毛边，绒面毛应顺光一致，毯面应洁净、无污染和损伤。检验方法：观察。检查数量：按《建筑地面工程施工质量验收规范》(GB 50209—2010) 第 3.0.21 条规定的检验批检查。

8.5 木、竹面层铺设

1. 木、竹面层的允许偏差和检验方法应符合表 8-3 的规定。

表 8-3 木、竹面层的允许偏差和检验方法

项次	项目	允许偏差（mm）				检验方法
		实木地板、实木集成地板、竹地板面层			浸渍纸层压木质地板、实木复合地板、软木类地板面层	
		松木地板	硬木地板、竹地板	拼花地板		
1	板面缝隙宽度	1.0	0.5	0.2	0.5	用钢尺检查
2	表面平整度	3.0	2.0	2.0	2.0	用 2m 靠尺和楔形塞尺检查
3	踢脚线上口平齐	3.0	3.0	3.0	3.0	拉 5m 线和用钢尺检查
4	板面拼缝平直	3.0	3.0	3.0	3.0	
5	相邻板材高差	0.5	0.5	0.5	0.5	用钢尺和楔形塞尺检查
6	踢脚线与面层的接缝	1.0				楔形塞尺检查

2. 铺设实木地板、实木集成地板、竹地板面层时，其木格栅的截面尺寸、间距和稳固方法等均应符合设计要求。木格栅固定时，不得损坏基层和预埋管线。木格栅应垫实钉牢，与柱、墙之间留出 20mm 的缝隙，表面应平直，其间距不宜大于 300mm。

3. 实木地板、实木集成地板、竹地板面层采用的材料进入施工现场时，应有以下有害物质限量合格的检测报告：

（1）地板中的游离甲醛（释放量或含量）；

（2）溶剂型胶黏剂中的挥发性有机化合物（VOC）、苯、甲苯、二甲苯；

（3）水性胶黏剂中的挥发性有机化合物（VOC）和游离甲醛。

检验方法：检查检测报告。检查数量：同一工程、同一材料、同一生产厂家、同一型号、同一规格、同一批号检查一次。

4. 木格栅、垫木和垫层地板等应做防腐、防蛀处理。检验方法：观察和检查验收记录。检查数量：按《建筑地面工程施工质量验收规范》(GB 50209—2010) 第 3.0.21 条规定的检验批检查。

5. 木格栅安装应牢固、平直。检验方法：观察，行走，用钢尺测量，检查验收记

录。检查数量：按《建筑地面工程施工质量验收规范》(GB 50209—2010) 第 3.0.21 条规定的检验批检查。

6. 面层铺设应牢固，黏结应无空鼓、松动。检验方法：观察，行走或用小锤轻击检查。检查数量：按《建筑地面工程施工质量验收规范》(GB 50209—2010) 第 3.0.21 条规定的检验批检查。

7. 实木地板、实木集成地板面层应刨平、磨光，无明显刨痕和毛刺等现象；图案应清晰，颜色应均匀一致。检验方法：观察、手摸和行走检查。检查数量：按《建筑地面工程施工质量验收规范》(GB 50209—2010) 第 3.0.21 条规定的检验批检查。

8.6 实木复合地板面层

1. 实木复合地板面层下衬垫的材料和厚度应符合设计要求。

2. 实木复合地板面层铺设时，相邻板材接头位置应错开不小于 300mm 的距离；与柱、墙之间应留不小于 10mm 的空隙。当面层采用无龙骨的空铺法铺设时，应在面层与柱、墙之间的空隙内加设金属弹簧卡或木楔子，其间距宜为 200～300mm。

3. 实木复合地板面层采用的材料进入施工现场时，应有以下有害物质限量合格的检测报告：

(1) 地板中的游离甲醛（释放量或含量）；

(2) 溶剂型胶黏剂中的挥发性有机化合物（VOC）、苯、甲苯、二甲苯；

(3) 水性胶黏剂中的挥发性有机化合物（VOC）和游离甲醛。

检验方法：检查检测报告。检查数量：同一工程、同一材料、同一生产厂家、同一型号、同一规格、同一批号检查一次。

4. 木格栅、垫木和垫层地板等应做防腐、防蛀处理。检验方法：观察和检查验收记录。检查数量：按《建筑地面工程施工质量验收规范》(GB 50209—2010) 第 3.0.21 条规定的检验批检查。

5. 木格栅安装应牢固、平直。检验方法：观察，行走，用钢尺测量和检查验收记录。检查数量：按《建筑地面工程施工质量验收规范》(GB 50209—2010) 第 3.0.21 条规定的检验批检查。

6. 面层铺设应牢固，粘贴应无空鼓、松动。检验方法：观察、行走或用小锤轻击检查。检查数量：按《建筑地面工程施工质量验收规范》(GB 50209—2010) 第 3.0.21 条规定的检验批检查。

9 建筑装饰装修工程

9.1 基本规定

1. 建筑装饰装修工程设计必须保证建筑物的结构安全和主要使用功能。当涉及主体和承重结构改动或增加荷载时，必须由原结构设计单位或具备相应资质的设计单位核查有关原始资料，对既有建筑结构的安全性进行核验、确认。

2. 建筑装饰装修工程所用材料应符合国家有关建筑装饰装修材料有害物质限量标准的规定。

3. 建筑装饰装修工程所使用的材料应按设计要求进行防火、防腐和防虫处理。

4. 建筑装饰装修工程施工中，严禁违反设计文件擅自改动建筑主体、承重结构或主要使用功能；严禁未经设计确认和有关部门批准擅自拆改水、暖、电、燃气、通信等配套设施。

5. 承担建筑装饰装修工程施工的单位应具备相应的资质，并应建立质量管理体系。施工单位应编制施工组织设计并应经过审查批准。施工单位应按有关的施工工艺标准或经审定的施工技术方案施工，并应对施工全过程实行质量控制。

6. 承担建筑装饰装修工程施工的人员应有相应岗位的资格证书。

7. 建筑装饰装修工程的施工质量应符合设计要求和规范的规定，由于违反设计文件和《建筑装饰装修工程质量验收标准》（GB 50210—2018）的规定施工造成的质量问题应由施工单位负责。

8. 施工单位应遵守有关环境保护的法律法规，并应采取有效措施控制施工现场的各种粉尘、废气、废弃物、噪声、振动等对周围环境造成的污染和危害。

9. 施工单位应遵守有关施工安全、劳动保护、防火和防毒的法律法规，应建立相应的管理制度，并应配备必要的设备、器具和标识。

10. 建筑装饰装修工程应在基体或基层的质量验收合格后施工。对既有建筑进行装饰装修前，应对基层进行处理并达到《建筑装饰装修工程质量验收标准》（GB 50210—2018）的要求。

11. 建筑装饰装修工程施工前应有主要材料的样板或做样板间（件），并应经有关各方确认。

12. 墙面采用保温材料的建筑装饰装修工程，所用保温材料的类型、品种、规格及施工工艺应符合设计要求。

13. 管道、设备等的安装及调试应在建筑装饰装修工程施工前完成,当必须同步进行时,应在饰面层施工前完成。装饰装修工程不得影响管道、设备等的使用和维修。涉及燃气管道的建筑装饰装修工程必须符合有关安全管理的规定。

14. 建筑装饰装修工程的电气安装应符合设计要求和国家现行标准的规定,严禁不经穿管直接埋设电线。

15. 室内外装饰装修工程施工的环境条件应满足施工工艺的要求。施工环境温度不应低于5℃,当必须在低于5℃气温下施工时,应采取保证工程质量的有效措施。

16. 建筑装饰装修工程施工过程中应做好半成品、成品的保护,防止污染和损坏。

17. 建筑装饰装修工程验收前应将施工现场清理干净。

9.2　抹灰工程

1. 抹灰工程应对水泥的凝结时间和安定性进行复验。

2. 抹灰工程应对下列隐蔽工程项目进行验收:

(1) 抹灰总厚度大于或等于35mm时的加强措施;

(2) 不同材料基体交接处的加强措施。

3. 当要求抹灰层具有防水防潮功能时应采用防水砂浆。

4. 外墙和顶棚的抹灰层与基层之间及各抹灰层之间必须黏结牢固。

5. 一般抹灰工程质量的允许偏差和检验方法应符合《建筑装饰装修工程质量验收标准》(GB 50210—2018)表4.2.11的规定。

9.3　装饰抹灰工程

1. 抹灰前基层表面的尘土、污垢、油渍等应清除干净,并应洒水润湿。检验方法:检查施工记录。

2. 装饰抹灰工程所用材料的品种和性能应符合设计要求。水泥的凝结时间和安定性复验应合格。砂浆的配合比应符合设计要求。检验方法:检查产品合格证书、进场验收记录、复验报告和施工记录。

3. 抹灰工程应分层进行,当抹灰总厚度大于或等于35mm时应采取加强措施,不同材料基体交接处表面的抹灰应采取防止开裂的加强措施。当采用加强网时,加强网与各基体的搭接宽度不应小于100mm。检验方法:检查隐蔽工程验收记录和施工记录。

4. 各抹灰层之间及抹灰层与基体之间必须黏结牢固。抹灰层应无脱层、空鼓和裂缝。检验方法:观察,用小锤轻击检查,检查施工记录。

5. 装饰抹灰工程的表面质量应符合下列规定：

（1）水刷石表面应石粒清晰、分布均匀、紧密平整、色泽一致，应无掉粒和接槎痕迹；

（2）斩假石表面剁纹应均匀顺直、深浅一致，应无漏剁处，阳角处应横剁，并留出宽窄一致的不剁边条，棱角应无损坏；

（3）干粘石表面应色泽一致、不露浆、不漏粘，石粒应黏结牢固、分布均匀，阳角处应无明显黑边；

（4）假面砖表面应平整、沟纹清晰、留缝整齐、色泽一致，应无掉角、脱皮、起砂等缺陷。检验方法：观察，手摸检查。

6. 装饰抹灰分格条（缝）的设置应符合设计要求，宽度和深度应均匀，表面应平整光滑，棱角应整齐。检验方法：观察。

7. 有排水要求的部位应做滴水线（槽）。滴水线（槽）应整齐顺直，滴水线应内高外低，滴水槽的宽度和深度均不应小于10mm。检验方法：观察，尺量检查。

8. 清水砌体勾缝所用水泥的凝结时间和安定性复验应合格，砂浆的配合比应符合设计要求。检验方法：检查复验报告和施工记录。

9. 清水砌体勾缝应无漏勾，勾缝材料应黏结牢固、无开裂。检验方法：观察。

10. 清水砌体勾缝应横平竖直，交接处应平顺，宽度和深度应均匀，表面应压实抹平。检验方法：观察，尺量检查。

11. 灰缝应颜色一致，砌体表面应洁净。检验方法：观察。

9.4 门窗工程

1. 门窗工程验收时应检查下列文件和记录：

（1）门窗工程的施工图、设计说明及其他设计文件；

（2）材料的产品合格证书、性能检测报告、进场验收记录和复验报告；

（3）特种门及其附件的生产许可文件；

（4）隐蔽工程验收记录；

（5）施工记录。

2. 门窗工程应对下列材料及其性能指标进行复验：

（1）人造木板的甲醛含量；

（2）建筑外墙金属窗、塑料窗的抗风压性能、空气渗透性能和雨水渗漏性能。

3. 门窗工程应对下列隐蔽工程项目进行验收：

（1）预埋件和锚固件；

（2）隐蔽部位的防腐、填嵌处理。

4. 建筑外门窗的安装必须牢固，在砌体上安装门窗严禁用射钉固定。

5. 金属门窗的品种、类型、规格、尺寸、性能、开启方向、安装位置、连接方式及铝合金门窗的型材壁厚应符合设计要求。金属门窗的防腐处理及填嵌、密封处理应符合设计要求。检验方法：观察，尺量检查，检查产品合格证书、性能检测报告、进场验收记录和复验报告，检查隐蔽工程验收记录。

6. 金属门窗框和附框的安装必须牢固。预埋件的数量、位置、埋设方式、与框的连接方式必须符合设计要求。检验方法：手扳检查，检查隐蔽工程验收记录。

7. 金属门窗扇必须安装牢固，并应开关灵活、关闭严密、无倒翘。推拉门窗扇必须有防脱落措施。检验方法：观察，开启和关闭检查，手扳检查。

8. 金属门窗配件的型号、规格、数量应符合设计要求，安装应牢固，位置应正确，功能应满足使用要求。检验方法：观察，开启和关闭检查，手扳检查。

9. 金属门窗表面应洁净、平整、光滑、色泽一致，无锈蚀。大面应无划痕、碰伤。漆膜或保护层应连续。检验方法：观察。

10. 铝合金门窗推拉门窗扇开关力应不大于 100N。检验方法：用弹簧秤检查。

11. 金属门窗框与墙体之间的缝隙应填嵌饱满，并采用密封胶密封，密封胶表面应光滑、顺直、无裂纹。检验方法：观察，轻敲门窗框检查，检查隐蔽工程验收记录。

12. 金属门窗扇的橡胶密封条或毛毡密封条应安装完好，不得脱槽。检验方法：观察，开启和关闭检查。

13. 有排水孔的金属门窗排水孔应畅通，位置和数量应符合设计要求。检验方法：观察。

14. 塑料门窗的品种、类型、规格、尺寸、开启方向、安装位置、连接方式及填嵌密封处理应符合设计要求，内衬增强型钢的壁厚及设置应符合国家现行产品标准的质量要求。检验方法：观察，尺量检查，检查产品合格证书、性能检测报告、进场验收记录和复验报告，检查隐蔽工程验收记录。

15. 塑料门窗框、附框和扇的安装必须牢固。固定片或膨胀螺栓的数量与位置应正确，连接方式应符合设计要求。固定点应距窗角、中横框、中竖框 150～200mm，固定点间距应不大于 600mm。检验方法：观察，手扳检查，检查隐蔽工程验收记录。

16. 塑料门窗拼樘料内衬增强型钢的规格、壁厚必须符合设计要求，型钢应与型材内腔紧密吻合，其两端必须与洞口固定牢固，窗框必须与拼樘料连接紧密，固定点间距应不大于 600mm。检验方法：观察，手扳检查，尺量检查，检查进场验收记录。

17. 塑料门窗扇应开关灵活、关闭严密、无倒翘。推拉门窗扇必须有防脱落措施。检验方法：观察，开启和关闭检查，手扳检查。

18. 塑料门窗配件的型号、规格、数量应符合设计要求，安装应牢固，位置应正确，功能应满足使用要求。检验方法：观察，手扳检查，尺量检查。

19. 塑料门窗框与墙体间缝隙应采用闭孔弹性材料填嵌饱满，表面应采用密封胶密封。密封胶应黏结牢固，表面应光滑、顺直、无裂纹。检验方法：观察，检查隐蔽工程验收记录。

20. 塑料门窗表面应洁净、平整、光滑，大面应无划痕、碰伤。检验方法：观察。

21. 塑料门窗扇的密封条不得脱槽。旋转窗间隙应基本均匀。

22. 塑料门窗扇的开关力应符合下列规定：

（1）平开门窗扇平铰链的开关力应不大于 80N；滑撑铰链的开关力应不大于 80N，并不小于 30N；

（2）推拉门窗扇的开关力应不大于 100N。

检验方法：观察，用弹簧秤检查。

23. 玻璃密封条与玻璃及玻璃槽口的接缝应平整，不得卷边、脱槽。检验方法：观察。

24. 排水孔应畅通，位置和数量应符合设计要求。检验方法：观察。

9.5 吊顶工程

1. 吊顶工程应对人造木板的甲醛含量进行复验。

2. 吊顶工程应对下列隐蔽工程项目进行验收：

（1）吊顶内管道、设备的安装及水管试压；

（2）木龙骨防火、防腐处理；

（3）预埋件或拉结筋；

（4）吊杆安装；

（5）龙骨安装；

（6）填充材料的设置。

3. 安装龙骨前，应按设计要求对房间净高、洞口标高和吊顶内管道、设备及其支架的标高进行交接检验。

4. 吊顶工程的木吊杆、木龙骨和木饰面板必须进行防火处理，并应符合有关设计防火规范的规定。

5. 吊顶工程中的预埋件、钢筋吊杆和型钢吊杆应进行防锈处理。

6. 吊杆距主龙骨端部距离不得大于 300mm，当大于 300mm 时，应增加吊杆。当吊杆长度大于 1.5m 时，应设置反支撑。当吊杆与设备相遇时，应调整并增设吊杆。

7. 重型灯具、电扇及其他重型设备严禁安装在吊顶工程的龙骨上。

9.6 轻质隔墙工程

1. 轻质隔墙工程应对人造木板的甲醛含量进行复验。

2. 轻质隔墙工程应对下列隐蔽工程项目进行验收：

（1）骨架隔墙中设备管线的安装及水管试压；

（2）木龙骨防火、防腐处理；

（3）预埋件或拉结筋；

（4）龙骨安装；

（5）填充材料的设置。

3. 饰面板（砖）工程应对下列材料及其性能指标进行复验：

（1）室内用花岗石的放射性；

（2）粘贴用水泥的凝结时间、安定性和抗压强度；

（3）外墙陶瓷面砖的吸水率；

（4）寒冷地区外墙陶瓷面砖的抗冻性。

4. 饰面板（砖）工程应对下列隐蔽工程项目进行验收：

（1）预埋件（或后置埋件）；

（2）连接节点；

（3）防水层。

5. 外墙饰面砖粘贴前和施工过程中，均应在相同基层上做样板件，并对样板件的饰面砖黏结强度进行检验，其检验方法和结果判定应符合《建筑工程饰面砖黏结强度检验标准》（JGJ/T 110—2017）的规定。

6. 饰面板安装工程的预埋件（或后置埋件）、连接件的数量、规格、位置、连接方法和防腐处理必须符合设计要求。后置埋件的现场拉拔强度必须符合设计要求。饰面板安装必须牢固。检验方法：手扳检查，检查进场验收记录、现场拉拔检测报告、隐蔽工程验收记录和施工记录。

9.7 室内幕墙工程

1. 幕墙工程验收时应检查下列文件和记录：

（1）幕墙工程的施工图、结构计算书、设计说明及其他设计文件；

（2）建筑设计单位对幕墙工程设计的确认文件；

（3）幕墙工程所用各种材料、五金配件、构件及组件的产品合格证书、性能检测报告、进场验收记录和复验报告；

（4）幕墙工程所用硅酮结构胶的认定证书和抽查合格证明；进口硅酮结构胶的商检证；国家指定检测机构出具的硅酮结构胶相容性和剥离黏结性试验报告；石材用密封胶的耐污染性试验报告；

（5）后置埋件的现场拉拔强度检测报告；

（6）幕墙的抗风压性能、空气渗透性能、雨水渗漏性能及平面变形性能检测报告；

（7）打胶、养护环境的温度、湿度记录；双组分硅酮结构胶的混匀性试验记录及拉断试验记录；

（8）防雷装置测试记录；

（9）隐蔽工程验收记录；

（10）幕墙构件和组件的加工制作记录，以及幕墙安装施工记录。

2. 幕墙工程应对下列隐蔽工程项目进行验收：

（1）预埋件（或后置埋件）；

（2）构件的连接节点；

（3）变形缝及墙面转角处的构造节点；

（4）幕墙防雷装置；

（5）幕墙防火构造。

3. 隐框、半隐框幕墙所采用的结构粘结材料必须是中性硅酮结构密封胶，其性能必须符合《建筑用硅酮结构密封胶》（GB 16776—2005）的规定；硅酮结构密封胶必须在有效期内使用。

4. 主体结构与幕墙连接的各种预埋件，其数量、规格、位置和防腐处理必须符合设计要求。

5. 幕墙的金属框架与主体结构预埋件的连接、立柱与横梁的连接及幕墙面板的安装必须符合设计要求，安装必须牢固。

6. 幕墙的金属框架与主体结构应通过预埋件连接，预埋件应在主体结构混凝土施工时埋入，预埋件的位置应准确。当没有条件采用预埋件连接时，应采用其他可靠的连接措施，并应通过试验确定其承载力。

7. 明框玻璃幕墙安装的允许偏差和检验方法应符合《建筑装饰装修工程质量验收标准》（GB 50210—2018）表 9.2.23 的规定。

8. 隐框、半隐框玻璃幕墙安装的允许偏差和检验方法应符合《建筑装饰装修工程质量验收标准》（GB 50210—2018）表 9.2.24 的规定。

9. 金属幕墙工程所使用的各种材料和配件应符合设计要求及国家现行产品标准和工程技术规范的规定。检验方法：检查产品合格证书、性能检测报告、材料进场验收记录和复验报告。

10. 金属幕墙的造型和立面分格应符合设计要求。检验方法：观察，尺量检查。

11. 金属面板的品种、规格、颜色、光泽及安装方向应符合设计要求。检验方法：观察，检查进场验收记录。

12. 金属幕墙主体结构上的预埋件、后置埋件的数量、位置及后置埋件的拉拔力必须符合设计要求。检验方法：检查拉拔力检测报告和隐蔽工程验收记录。

13. 金属幕墙的金属框架立柱与主体结构预埋件的连接、立柱与横梁的连接、金属面板的安装必须符合设计要求，安装必须牢固。检验方法：手扳检查，检查隐蔽工程验收记录。

14. 金属幕墙的防火、保温、防潮材料的设置应符合设计要求，并应密实、均匀、厚度一致。检验方法：检查隐蔽工程验收记录。

15. 金属框架及连接件的防腐处理应符合设计要求。检验方法：检查隐蔽工程验收记录和施工记录。

16. 金属幕墙的防雷装置必须与主体结构的防雷装置可靠连接。检验方法：检查隐蔽工程验收记录。

17. 各种变形缝、墙角的连接节点应符合设计要求和技术标准的规定。检验方法：观察，检查隐蔽工程验收记录。

18. 金属幕墙的板缝注胶应饱满、密实、连续、均匀、无气泡，宽度和厚度应符合设计要求和技术标准的规定。检验方法：观察，尺量检查，检查施工记录。

19. 金属幕墙应无渗漏。检验方法：在易渗漏部位进行淋水检查。

20. 金属板表面应平整、洁净、色泽一致。检验方法：观察。

21. 金属幕墙的压条应平直、洁净、接口严密、安装牢固。检验方法：观察，手扳检查。

22. 金属幕墙的密封胶缝应横平竖直、深浅一致、宽窄均匀、光滑顺直。检验方法：观察。

23. 金属幕墙上的滴水线、流水坡向应正确、顺直。检验方法：观察，用水平尺检查。

9.8 石材幕墙工程

1. 石材幕墙工程所用材料的品种、规格、性能和等级，应符合设计要求及国家现行产品标准和工程技术规范的规定。石材的弯曲强度不应小于 8.0MPa；吸水率应小于 0.8%。石材幕墙的铝合金挂件厚度不应小于 4.0mm，不锈钢挂件厚度不应小于 3.0mm。检验方法：观察，尺量检查，检查产品合格证书、性能检测报告、材料进场验收记录和复验报告。

2. 石材幕墙的造型、立面分格、颜色、光泽、花纹和图案应符合设计要求。检验方法：观察。

3. 石材孔、槽的数量、深度、位置、尺寸应符合设计要求。检验方法：检查进场验收记录或施工记录。

4. 石材幕墙主体结构上的预埋件和后置埋件的位置、数量及后置埋件的拉拔力必须符合设计要求。检验方法：检查拉拔力检测报告和隐蔽工程验收记录。

5. 石材幕墙的金属框架立柱与主体结构预埋件的连接、立柱与横梁的连接、连接件与金属框架的连接、连接件与石材面板的连接须符合设计要求，安装必须牢固。检验方法：手扳检查，检查隐蔽工程验收记录。

6. 金属框架和连接件的防腐处理应符合设计要求。检验方法：检查隐蔽工程验收记录。

7. 石材幕墙的防雷装置必须与主体结构防雷装置可靠连接。检验方法：观察，检查隐蔽工程验收记录和施工记录。

8. 石材幕墙的防火、保温、防潮材料的设置应符合设计要求，填充应密实、均匀、厚度一致。检验方法：检查隐蔽工程验收记录。

9. 各种结构变形缝，墙角的连接节点应符合设计要求和技术标准的规定。检验方法：检查隐蔽工程验收记录和施工记录。

10. 石材表面和板缝的处理应符合设计要求。检验方法：观察。

11. 石材幕墙的板缝注胶应饱满、密实、连续、均匀、无气泡，板缝宽度和厚度应符合设计要求和技术标准的规定。检验方法：观察，尺量检查，检查施工记录。

12. 石材幕墙应无渗漏。检验方法：在易渗漏部位进行淋水检查。

13. 石材幕墙表面应平整、洁净，无污染、缺损和裂痕。颜色和花纹应协调一致，无明显色差、无明显修痕。检验方法：观察。

14. 石材幕墙的压条应平直、洁净、接口严密、安装牢固。检验方法：观察，手扳检查。

15. 石材接缝应横平竖直、宽窄均匀；阴阳角石板压向应正确，板边合缝应顺直；凸凹线出墙厚度应一致，上下口应平直；石材面板上洞口、槽边应套割吻合，边缘应整齐。检验方法：观察，尺量检查。

16. 石材幕墙的密封胶缝应横平竖直、深浅一致、宽窄均匀、光滑顺直。检验方法：观察。

17. 石材幕墙上的滴水线、流水坡向应正确、顺直。检验方法：观察，用水平尺检查。

9.9 溶剂型涂料涂饰工程

1. 涂饰工程验收时应检查下列文件和记录：

(1) 涂饰工程的施工图设计说明及其他设计文件；

(2) 材料的产品合格证书、性能检测报告和进场验收记录；

(3) 施工记录。

2. 各分项工程的检验批应按下列规定划分：

(1) 室外涂饰工程每一栋楼的同类涂料涂饰的墙面每 500～1000m² 应划分为一个检验批，不足 500m² 也应划分为一个检验批；

(2) 室内涂饰工程同类涂料涂饰的墙面每 50 间（大面积房间和走廊按涂饰面积每 30m² 为一间）应划分为一个检验批，不足 50 间也应划分为一个检验批。

3. 检查数量应符合下列规定：

(1) 室外涂饰工程每 100m² 应至少检查一处，每处不得小于 10m²。

(2) 室内涂饰工程每个检验批应至少抽查 10%，并不得少于 3 间；不足 3 间时应全数检查。

4．涂饰工程的基层处理应符合下列要求：

（1）新建筑物的混凝土或抹灰基层在涂饰涂料前应涂刷抗碱封闭底漆。

（2）旧墙面在涂饰涂料前应清除疏松的旧装修层，并涂刷界面剂。

（3）混凝土或抹灰基层涂刷溶剂型涂料时，含水率不得大于 8％；涂刷乳液型涂料时，含水率不得大于 10％。木材基层的含水率不得大于 12％。

（4）基层腻子应平整、坚实、牢固，无粉化、起皮和裂缝；内墙腻子的黏结强度应符合《建筑室内用腻子》(JG/T 298—2010) 的规定。

（5）厨房、卫生间墙面必须使用耐水腻子。

5．水性涂料涂饰工程施工的环境温度应在 5～35℃之间。

6．涂饰工程应在涂层养护期满后进行质量验收。

9.10　水性涂料涂饰工程

1．水性涂料涂饰工程所用涂料的品种、型号和性能应符合设计要求。检验方法：检查产品合格证书、性能检测报告和进场验收记录。

2．水性涂料涂饰工程的颜色、图案应符合设计要求。检验方法：观察。

3．水性涂料涂饰工程应涂饰均匀、黏结牢固，不得漏涂、透底、起皮和掉粉。检验方法：观察，手摸检查。

4．水性涂料涂饰工程的基层处理应符合《建筑装饰装修工程质量验收标准》(GB 50210—2018) 第10.1.5条的要求。检验方法：观察，手摸检查，检查施工记录。

5．溶剂型涂料涂饰工程所选用涂料的品种、型号和性能应符合设计要求。检验方法：检查产品合格证书、性能检测报告和进场验收记录。

6．溶剂型涂料涂饰工程的颜色、光泽、图案应符合设计要求。检验方法：观察。

7．溶剂型涂料涂饰工程应涂饰均匀、黏结牢固，不得漏涂、透底、起皮和返锈。检验方法：观察，手摸检查。

8．溶剂型涂料涂饰工程的基层处理应符合《建筑装饰装修工程质量验收标准》(GB 50210—2018) 第10.1.5条的要求。检验方法：观察，手摸检查，检查施工记录。

9.11　细部工程

1．分项工程的质量验收：

（1）橱柜制作与安装；

（2）窗帘盒、窗台板、散热器罩制作与安装；

（3）门窗套制作与安装；

（4）护栏和扶手制作与安装；

（5）花饰制作与安装。

2. 细部工程验收时应检查下列文件和记录：

（1）施工图、设计说明及其他设计文件；

（2）材料的产品合格证书、性能检测报告、进场验收记录和复验报告；

（3）隐蔽工程验收记录；

（4）施工记录。

3. 细部工程应对人造木板的甲醛含量进行复验。

4. 细部工程应对下列部位进行隐蔽工程验收：

（1）预埋件（或后置埋件）；

（2）护栏与预埋件的连接节点。

5. 各分项工程的检验批应按下列规定划分：

（1）同类制品每50间（处）应划分为一个检验批，不足50间（处）也应划分为一个检验批；

（2）每部楼梯应划分为一个检验批。

9.12 橱柜制作与安装工程

1. 橱柜制作与安装所用材料的材质和规格、木材的燃烧性能等级和含水率、花岗石的放射性及人造木板的甲醛含量应符合设计要求及国家现行标准的有关规定。检验方法：观察，检查产品合格证书、进场验收记录、性能检测报告和复验报告。

2. 橱柜安装预埋件或后置埋件的数量、规格、位置应符合设计要求。检验方法：检查隐蔽工程验收记录和施工记录。

3. 橱柜的造型、尺寸、安装位置、制作和固定方法应符合设计要求，橱柜安装必须牢固。检验方法：观察，尺量检查，手扳检查。

4. 橱柜配件的品种、规格应符合设计要求。配件应齐全，安装应牢固。检验方法：观察，手扳检查，检查进场验收记录。

5. 橱柜的抽屉和柜门应开关灵活、回位正确。检验方法：观察，开启和关闭检查。

6. 橱柜表面应平整、洁净、色泽一致，不得有裂缝、翘曲及损坏。检验方法：观察。

7. 橱柜裁口应顺直、拼缝应严密。检验方法：观察。

8. 窗帘盒、窗台板和散热器罩制作与安装所使用材料的材质和规格、木材的燃烧性能等级和含水率、花岗石的放射性及人造木板的甲醛含量应符合设计要求及国家现行标准的有关规定。检验方法：观察，检查产品合格证书、进场验收记录、性能检测报告和复验报告。

9. 窗帘盒、窗台板和散热器罩的造型、规格、尺寸、安装位置和固定方法必须符合设计要求。窗帘盒、窗台板和散热器罩的安装必须牢固。检验方法：观察，尺量检查，手扳检查。

10. 窗帘盒配件的品种、规格应符合设计要求，安装应牢固。检验方法：手扳检查，检查进场验收记录。

11. 窗帘盒、窗台板和散热器罩表面应平整、洁净、线条顺直、接缝严密、色泽一致，不得有裂缝、翘曲及损坏。检验方法：观察。

12. 窗帘盒、窗台板和散热器罩与墙面、窗框的衔接应严密，密封胶缝应顺直、光滑。

13. 门窗套制作与安装所使用材料的材质、规格、花纹和颜色、木材的燃烧性能等级和含水率、花岗石的放射性及人造木板的甲醛含量应符合设计要求及国家现行标准的有关规定。检验方法：观察，检查产品合格证书、进场验收记录、性能检测报告和复验报告。

14. 门窗套的造型、尺寸和固定方法应符合设计要求，安装应牢固。检验方法：观察，尺量检查，手扳检查。

15. 门窗套表面应平整、洁净、线条顺直、接缝严密、色泽一致，不得有裂缝、翘曲及损坏。检验方法：观察。

16. 护栏和扶手制作与安装所使用材料的材质、规格、数量和木材、塑料的燃烧性能等级应符合设计要求。检验方法：观察，检查产品合格证书、进场验收记录和性能检测报告。

17. 护栏和扶手的造型、尺寸及安装位置应符合设计要求。检验方法：观察，尺量检查，检查进场验收记录。

18. 护栏和扶手安装预埋件的数量、规格、位置以及护栏与预埋件的连接节点应符合设计要求。检验方法：检查隐蔽工程验收记录和施工记录。

19. 护栏高度、栏杆间距、安装位置必须符合设计要求。护栏安装必须牢固。检验方法：观察，尺量检查，手扳检查。

20. 护栏玻璃应使用公称厚度不小于12mm的钢化玻璃或钢化夹层玻璃。当护栏一侧距楼地面高度为5m及以上时，应使用钢化夹层玻璃。检验方法：观察，尺量检查，检查产品合格证书和进场验收记录。

21. 护栏和扶手转角弧度应符合设计要求，接缝应严密，表面应光滑、色泽应一致，不得有裂缝、翘曲及损坏。检验方法：观察，手摸检查。

10 装配式建筑

10.1 总则

1. 为统一装配率计算，规范装配式建筑评价，促进装配式建筑发展，提高装配式建筑的环境效益、社会效益和经济效益，制定本章节。

2. 本章节适用于民用建筑的装配率计算和装配式建筑的评价。

3. 建筑装配率计算和装配式建筑评价除应符合本章节外，尚应符合国家和省现行标准的有关规定。

10.2 术语

1. 装配式建筑（prefabricated building）：由预制部品部件在工地装配而成的建筑。

2. 装配率（prefabricationratio）：单体建筑±0.000以上的主体结构、围护墙和内隔墙、装修和设备管线等采用预制部品部件的综合比例。

3. 全装修（decorated）：所有功能空间的固定面装修和设备设施安装全部完成，达到建筑使用功能和建筑性能的状态。

4. 集成厨房（integrated kitchen）：楼面、吊顶、墙面、橱柜、厨房设备及管线等通过设计集成、工厂生产，在工地主要采用干式工法装配而成的厨房。

5. 集成卫生间（integrated bathroom）：楼面、吊顶、墙面和洁具设备及管线等通过设计集成、工厂生产，在工地主要采用干式工法装配而成的卫生间。

10.3 基本规定

1. 本章节用装配率指标评价建筑的装配化程度。

2. 装配率计算和装配式建筑评价单元的确定应符合下列规定：

（1）装配率计算和装配式建筑评价单元应为单体建筑；

（2）单体建筑由主楼和裙房组成时，主楼和裙房可作为不同的装配率计算和装配式建筑评价单元。

3. 装配式建筑评价应分两阶段进行，并符合下列规定：

（1）第一阶段，应按施工图审查合格的设计文件计算装配率；

（2）第二阶段，项目竣工验收后，应按竣工验收资料计算装配率，并进行装配式建筑确定和装配式建筑等级划分。

4. 装配式建筑项目宜采用工程总承包模式。

5. 装配式建筑宜采用装配式装修。

10.4　装配率计算

1. 装配率应按式（10-1）计算：

$$P = (Q_1 + Q_2 + Q_3)/(100 - Q_4) \times 100\% \tag{10-1}$$

式中　P——装配率；

　　　Q_1——主体结构指标实际评价分值，按表 10-1 确定；

　　　Q_2——围护墙和内隔墙指标实际评价分值，按表 10-1 确定；

　　　Q_3——装修和设备管线指标实际评价分值，按表 10-1 确定；

　　　Q_4——评价项目中缺少的评价项评价分值总和。

表 10-1　装配式建筑评分表

评价项			评价要求	评价分值	最低分值
主体结构 （Q_1） （50分）	柱、支撑、承重墙、延性墙板等竖向构件	应用预制部件	35%≤比例≤80%	20～30*	20
		现场采用高精度模板	70%≤比例≤90%	5～10*	
		现场应用成型钢筋	比例≥70%	4	
	梁、板、楼梯、阳台、空调板等构件		70%≤比例≤80%	10～20*	
围护墙和 内隔墙 （Q_2） （20分）		非承重围护墙非砌筑	比例≥80%	5	10
	围护墙	墙体与保温隔热、装饰一体化	50%≤比例≤80%	2～5*	
		采用保温隔热与装饰一体化板	比例≥80%	3.5	
		采用墙体与保温隔热一体化	50%≤比例≤80%	1.2～3.0*	
		内隔墙非砌筑	比例≥50%	5	
	内隔墙	采用墙体与管线、装修一体化	50%≤比例≤80%	2～5*	
		采用墙体与管线一体化	50%≤比例≤80%	1.2～3.0*	
装修和 设备管线 （Q_3） （30分）		全装修	—	6	6
		干式工法楼面	比例≥70%	6	—
		集成厨房	70%≤比例≤90%	3～6*	
		集成卫生间	70%≤比例≤90%	3～6*	
	管线分离	竖向布置管线与墙体分离	50%≤比例≤70%	1～3*	
		水平向布置管线与楼板和湿作业楼面垫层分离	50%≤比例≤70%	1～3*	

注：表中带"*"项的分值采用"内插法"计算，计算结果取小数点后1位。

2. 柱、支撑、承重墙、延性墙板等主体结构竖向构件主要采用混凝土材料时，预制部件的应用比例应按式（10-2）计算：

$$q_{1a1} = V_{1a1}/V \times 100\% \tag{10-2}$$

式中　q_{1a1}——柱、支撑、承重墙、延性墙板等主体结构竖向构件中预制部件的应用比例；

　　　V_{1a1}——柱、支撑、承重墙、延性墙板等主体结构竖向构件中预制混凝土体积之和，符合本章节规定的预制构件间连接部分的后浇混凝土也可计入计算；

　　　V——柱、支撑、承重墙、延性墙板等主体结构竖向构件混凝土总体积。

3. 当符合下列规定时，混凝土结构中主体结构竖向构件间连接部分的后浇混凝土可计入预制混凝土体积计算：

（1）预制剪力墙板之间宽度不大于 600mm 的竖向现浇段、预制墙板两端的端柱或边长不大于 600mm 的暗柱和高度不大于 300mm 的水平后浇带、圈梁的后浇混凝土体积；

（2）预制框架柱和框架梁之间柱梁节点区的后浇混凝土体积；

（3）预制柱间高度不大于柱截面较小尺寸的连接区后浇混凝土体积。柱截面较小尺寸小于 800mm 时，预制柱间后浇混凝土高度可取不大于 800mm。

4. 现浇混凝土结构的柱、承重墙等主体结构竖向构件施工中采用高精度模板时，其应用比例应按式（10-3）计算：

$$q_{1a2} = V_{1a2}/V \times 100\% \tag{10-3}$$

式中　q_{1a2}——柱、承重墙等主体结构竖向构件施工中高精度模板的应用比例；

　　　V_{1a2}——柱、承重墙等主体结构竖向构件施工中采用高精度模板的现浇混凝土体积之和。

5. 现浇混凝土结构的柱、承重墙等主体结构竖向构件施工中采用成型钢筋时，其应用比例应按式（10-4）计算：

$$q_{1a3} = V_{1a3}/V \times 100\% \tag{10-4}$$

式中　q_{1a3}——柱、承重墙等主体结构竖向构件施工中成型钢筋的应用比例；

　　　V_{1a3}——柱、承重墙等主体结构竖向构件施工中采用成型钢筋的现浇混凝土体积之和。

6. 当混凝土结构的柱、支撑、承重墙、延性墙板等主体结构竖向构件中预制部品部件的应用比例，按本章节第 2 条计算结果不小于 35%，且其余柱、承重墙等主体结构竖向构件施工中采用高精度模板时，竖向构件总评价分值可取按预制部件的应用比例确定的评价分值和修正后的按现场采用高精度模板确定的评价分值两者之和，且竖向构件总评价分值不超过 30 分。

7. 当现浇混凝土结构的柱、承重墙等主体结构竖向构件施工中同时采用高精度模板和成型钢筋时，可分别按本章节第 4 条和第 5 条计算应用比例，确定评价分值；竖向构件评价分值取两者之和。

8. 装配式钢结构建筑和装配式木结构建筑主体结构竖向构件评价分值取 30 分。

9. 钢框架-混凝土核心筒（剪力墙）混合结构的柱采用钢柱或钢管混凝土柱、梁采用钢梁、混凝土核心筒（剪力墙）施工应用高精度模板施工工艺时，主体结构竖向构件评价分值可取 25 分。

10. 梁、板、楼梯、阳台、空调板等构件中预制部件的应用比例应按式（10-5）计算：

$$q_{1b} = A_{1b}/A \times 100\%$$ （10-5）

式中 q_{1b}——梁、板、楼梯、阳台、空调板等构件中预制部件的应用比例；

A_{1b}——所有楼层预制装配的梁、楼板（含屋面板）、楼梯、阳台和空调板等构件的水平投影面积之和。

A——所有楼层的梁、楼板（含屋面板）、楼梯、阳台和空调板等构件的水平投影面积之和。

11. 预制装配式楼板、屋面板的水平投影面积可包括：

（1）叠合楼板、屋面板的水平投影面积，预制楼板、屋面板的水平投影面积；

（2）叠合楼板、屋面板的预制底板间的宽度不大于 300mm 的后浇混凝土带水平投影面积；

（3）金属楼承板组合楼板、屋面板的水平投影面积；

（4）木楼盖、屋盖的水平投影面积；

（5）其他在施工现场免支模的楼板、屋面板的水平投影面积。

12. 非承重围护墙中非砌筑墙体的应用比例应按式（10-6）计算：

$$q_{2a} = A_{2a}/A_{w1} \times 100\%$$ （10-6）

式中 q_{2a}——非承重围护墙中非砌筑墙体的应用比例；

A_{2a}——所有楼层非承重围护墙中非砌筑墙体的外表面积之和，计算时可不扣除门、窗及预留洞口等的面积；

A_{w1}——所有楼层非承重围护墙外表面总面积，计算时可不扣除门、窗及预留洞口等的面积。

13. 围护墙可采用墙体与保温隔热、装饰一体化，或采用保温隔热、装饰一体化板，或采用墙体与保温隔热一体化，应根据下列应用情况计算应用比例：

（1）当围护墙采用墙体与保温隔热、装饰一体化时，应用比例可按式（10-7）计算：

$$q_{2b1} = A_{2b1}/A_{w2} \times 100\%$$ （10-7）

式中 q_{2b1}——围护墙采用墙体与保温隔热、装饰一体化的应用比例；

A_{2b1}——所有楼层围护墙采用墙体与保温隔热、装饰一体化的墙面外表面积之和，计算时可不扣除门、窗及预留洞口等的面积；

A_{w2}——所有楼层围护墙外表面总面积，计算时可不扣除门、窗及预留洞口等的面积。

（2）当围护墙采用保温隔热、装饰一体化板时，应用比例可按式（10-8）计算：

$$q_{2b2} = A_{2b2}/A_{w2} \times 100\%$$ (10-8)

式中 q_{2b2}——围护墙采用保温隔热、装饰一体化板的应用比例；

A_{2b2}——所有楼层围护墙采用保温隔热、装饰一体化板的墙面外表面积之和，计算时可不扣除门、窗及预留洞口等的面积。

（3）当围护墙采用墙体与保温隔热一体化时，应用比例可按式（10-9）计算：

$$q_{2b3} = A_{2b3}/A_{w2} \times 100\%$$ (10-9)

式中 q_{2b3}——围护墙采用墙体与保温隔热一体化的应用比例；

A_{2b3}——所有楼层围护墙采用墙体与保温隔热一体化的墙面外表面积之和，计算时可不扣除门、窗及预留洞口等的面积。

14. 内隔墙中非砌筑墙体的应用比例应按式（10-10）计算：

$$q_{2c} = A_{2c}/A_{w}3 \times 100\%$$ (10-10)

式中 q_{2c}——内隔墙中非砌筑墙体的应用比例；

A_{2c}——所有楼层内隔墙中非砌筑墙体的墙面面积之和，计算时可不扣除门、窗及预留洞口等的面积；

A_{w3}——所有楼层内隔墙墙面总面积，计算时可不扣除门、窗及预留洞口等的面积。

15. 内隔墙可采用墙体与管线、装修一体化，或采用墙体与管线一体化，应根据下列应用情况计算应用比例：

（1）当内隔墙采用墙体与管线、装修一体化时，应用比例可按式（10-11）计算：

$$q_{2d1} = A_{2d1}/A_{w3} \times 100\%$$ (10-11)

式中 q_{2d1}——内隔墙采用墙体与管线、装修一体化的应用比例；

A_{2d1}——所有楼层内隔墙采用墙体与管线、装修一体化的墙面面积之和，计算时可不扣除门、窗及预留洞口等的面积。

（2）当内隔墙采用墙体与管线一体化时，应用比例可按式（10-12）计算：

$$q_{2d2} = A_{2d2}/A_{w3} \times 100\%$$ (10-12)

式中 q_{2d2}——内隔墙采用墙体与管线一体化的应用比例；

A_{2d2}——所有楼层内隔墙采用墙体与管线一体化的墙面面积之和，计算时可不扣除门、窗及预留洞口等的面积。

16. 干式工法楼面的应用比例应按式（10-13）计算：

$$q_{3a} = A_{3a}/A_3 \times 100\%$$ (10-13)

式中 q_{3a}——干式工法楼面的应用比例；

A_{3a}——所有楼层采用干式工法楼面的水平投影面积之和；

A_3——所有楼层的梁、楼板、阳台板等构件的水平投影面积之和。

17. 集成厨房的橱柜和厨房设备等应全部安装到位。厨房的墙面、吊顶和楼面中干式工法的应用比例应按式（10-14）计算：

$$q_{3b}=A_{3b}/A_k\times100\%$$ (10-14)

式中　q_{3b}——集成厨房干式工法的应用比例；

　　A_{3b}——所有楼层厨房墙面、吊顶和楼面采用干式工法的面积之和；

　　A_k——所有楼层厨房的墙面、吊顶和楼面的总面积。

18. 集成卫生间的洁具设备等应全部安装到位。卫生间墙面、吊顶和楼面中干式工法的应用比例应按式（10-15）计算：

$$q_{3c}=A_{3c}/A_b\times100\%$$ (10-15)

式中　q_{3c}——集成卫生间干式工法的应用比例；

　　A_{3c}——所有楼层卫生间墙面、吊顶和楼面采用干式工法的面积之和；

　　A_b——所有楼层卫生间墙面、吊顶和楼面的总面积。

19. 管线分离比例应根据竖向布置管线与墙体分离、水平向布置管线与楼板和湿作业楼面垫层分离情况分别进行计算。

（1）竖向布置管线与墙体分离的管线分离比例可按式（10-16）计算：

$$q_{3d1}=L_{3d1}/L_1\times100\%$$ (10-16)

式中　q_{3d1}——竖向布置管线与墙体分离的管线分离比例；

　　L_{3d1}——所有楼层竖向布置管线与墙体分离的长度，包括裸露于室内空间和非承重墙体空腔的电气、给水排水和采暖管线在 竖向长度之和；

　　L_1——所有楼层电气、给水排水和采暖管线在竖向的总长度。

（2）水平向布置管线与楼板和湿作业楼面垫层分离的管线分离比例可按式（10-17）计算：

$$q_{3d2}=L_{3d2}/L_2\times100\%$$ (10-17)

式中　q_{3d2}——水平向布置管线与楼板和湿作业楼面垫层分离的管线分离比例；

　　L_{3d2}——所有楼层水平向布置管线与楼板和湿作业楼面垫层分离的长度，包括裸露于室内空间以及敷设在楼面架空层和吊顶内的电气、给水排水和采暖管线在水平向长度之和；

　　L_2——所有楼层电气、给水排水和采暖管线在水平向的总长度。

10.5　评价

1. 装配式建筑评价包括装配式建筑确定和装配式建筑等级划分。评价时应先对评价单元进行装配式建筑确定，再进行装配式建筑等级划分。

2. 评价单元满足下列要求时可确定为装配式建筑：

（1）主体结构部分的评价分值不低于20分；

（2）围护墙和内隔墙部分的评价分值不低于 10 分；

（3）实施全装修；

（4）应用建筑信息模型（BIM）技术；

（5）体现标准化设计；

（6）公共建筑的装配率不低于 60％，居住建筑的装配率不低于 50％。

3. 当评价单元已确定为装配式建筑，且主体结构符合下列条件之一的，可进行装配式建筑等级划分：

（1）采用装配式钢结构或木结构；

（2）钢框架-混凝土核心筒（剪力墙）混合结构的主体结构竖向构件评价分值为 25 分；

（3）装配式混凝土结构的主体结构竖向构件中预制部件的应用比例不低于 35％。

4. 装配式建筑评价等级划分为 A 级、AA 级、AAA 级，并应符合下列规定：

（1）装配率为 60％～75％时，评价为 A 级装配式建筑；

（2）装配率为 76％～90％时，评价为 AA 级装配式建筑；

（3）装配率为 91％及以上时，评价为 AAA 级装配式建筑。

11　绿色施工标准

11.1　一般规定

1. 绿色施工评价应以建筑工程项目施工过程为对象，以"四节一环保"为要素进行。绿色施工的评价贯穿整个施工过程，评价的对象可以是施工的任何阶段或分部分项工程。评价要素是环境保护、节材与材料资源利用、节水与水资源利用、节能与能源利用、节地与施工用地保护五个方面。

2. 推行绿色施工的项目，应建立绿色施工管理体系和管理制度，实施目标管理，施工前应在施工组织设计和施工方案中明确绿色施工的内容和方法。

3. 实施绿色施工，建设单位应履行下列职责：

（1）对绿色施工过程进行指导；

（2）编制工程概算时，依据绿色施工要求列支绿色施工专项费用；

（3）参与协调工程参建各方的绿色施工管理。

4. 实施绿色施工，监理单位应履行下列职责：

（1）对绿色施工过程进行督促检查；

（2）参与施工组织设计施工方案的评审；

（3）见证绿色施工过程。

5. 实施绿色施工，施工单位应履行下列职责：

（1）总承包单位对绿色施工过程负总责，专业承包单位对其承包工程范围内的绿色施工负责；

（2）项目经理为绿色施工第一责任人，负责建立工程项目的绿色管理体系，组织编制施工方案，并组织实施；

（3）组织进行绿色施工过程的检查和评价。

6. 绿色施工应做到：

（1）根据绿色施工要求进行图纸会审和深化设计；

（2）施工组织设计及施工方案应有专门的绿色施工章节，绿色施工目标明确，内容应涵盖"四节一环保"要求；

（3）工程技术交底应包含绿色施工内容；

（4）建立健全绿色施工管理体系；

（5）对具体施工工艺技术进行研究，采用新技术、新工艺、新机具、新材料；

（6）建立绿色施工培训制度，并有实施记录；

（7）根据检查情况，制定持续改进措施。

7. 发生下列事故之一，不得评为绿色施工合格项目：

（1）施工扰民造成严重社会影响，严重社会影响是指施工活动对附近居民的正常生活产生很大的影响的情况，如造成相邻房屋出现不可修复的损坏、交通道路破坏、光污染和噪声污染等，并引起群众性抵触的活动；

（2）工程死亡责任事故（施工生产安全死亡事故）；

（3）损失超过5万元的质量事故，并造成严重影响，造成严重影响是指直接经济损失达到5万元以上，工期发生相关方难以接受的延误情况；

（4）施工中因"四节一环保"问题被政府管理部门处罚；

（5）传染病、食物中毒等群体事故。

11.2 评价框架体系

1. 绿色施工评价宜按地基与基础工程、结构工程、装饰装修与机电安装工程这三个阶段进行。

2. 绿色施工应依据环境保护、节材与材料资源利用、节水与水资源利用、节能与能源利用和节地与施工用地保护这五个要素进行评价。

3. 针对不同地区或工程应进行环境因素分析，对评价指标进行增减，并列入相应要素评价。

4. 绿色施工评价要素均包含控制项、一般项、优选项三类评价指标。

5. 绿色施工评价分为不合格、合格和优良三个等级。

6. 应采集和保存过程管理资料、见证资料和自检评价记录等绿色施工资料。绿色施工资料是指与绿色施工有关的施工组织设计、施工方案、技术交底、过程控制和过程评价等相关资料，以及用于证明采取绿色施工措施、使用绿色建材和设备等相关资料。

7. 绿色施工评价框架体系如图 11-1 所示。

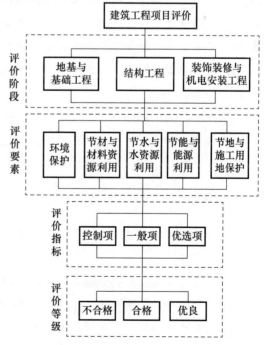

图 11-1 绿色施工评价框架体系

11.3 环境保护评价指标

1. 现场施工标牌应包括环境保护内容。现场施工标牌是指工程概况牌、施工现场管理人员组织机构牌、入场须知牌、安全警示牌、安全生产牌、文明施工牌、消防保卫制度牌、施工现场总平面图、消防平面布置图等。其中应有保障绿色施工的相关内容。

2. 施工现场应在醒目位置设环境保护标识。施工现场醒目位置是指主入口、主要临街面、有毒有害物品堆放地等。

3. 应对文物古迹、古树名木采取有效保护措施。

4. 现场食堂有卫生许可证,有熟食留样,炊事员持有效健康证明。

5. 资源保护

(1) 保护场地四周原有地下水形态,减少抽取地下水。为保护现场自然资源环境,降水施工避免过度抽取地下水。

(2) 危险品、化学品存放处及污物排放采取隔离措施。化学品和重金属污染品存放采取隔断和硬化处理。

6. 人员健康

(1) 施工作业区和生活办公区分开布置,生活设施远离有毒有害物质,临时办公和生活区距有毒有害存放地一般为50m,因场地限制不能满足要求时应采取隔离措施;

(2) 生活区面积符合规定,并有消暑或保暖措施;

(3) 现场工人劳动强度和工作时间符合现行国家标准的相关规定;

(4) 从事有毒、有害、有刺激性气味和强光、强噪声施工的人员佩戴护目镜、面罩等防护器具;

(5) 深井、密闭环境、防水和室内装修施工有自然通风或临时通风设施;

(6) 现场危险设备、地段、有毒物品存放地配置醒目安全标志,施工采取有效防毒、防污、防尘、防潮、通风等措施,加强人员健康管理;

(7) 厕所、卫生设施、排水沟及阴暗潮湿地带,定期喷洒药水消毒和有除四害措施;

(8) 食堂各类器具清洁,个人卫生、操作行为规范。

7. 扬尘控制

(1) 现场建立洒水清扫制度,配备洒水设备,并有专人负责;

(2) 对裸露地面、集中堆放的土方采取抑尘措施,现场直接裸露土体表面和集中堆放的土方采用临时绿化、喷浆和隔尘布遮盖等抑尘措施;

(3) 运送土方、渣土等易产生扬尘的车辆采取封闭或遮盖措施;

(4) 现场进出口设冲洗池和吸湿垫,进出现场车辆保持清洁;

（5）易飞扬和细颗粒建筑材料封闭存放，余料及时回收；

（6）易产生扬尘的施工作业采取遮挡、抑尘等措施；（该款为对施工现场切割等易产生扬尘等作业所采取的扬尘控制措施要求。）

（7）拆除爆破作业有降尘措施；

（8）高空垃圾清运采用管道或垂直运输机械完成；

（9）现场使用散装水泥有密闭防尘措施。

8. 废气排放控制

（1）进出场车辆及机械设备废气排放符合国家年检要求；

（2）不使用煤作为现场生活的燃料；

（3）电焊烟气的排放符合现行国家标准《大气污染物综合排放标准》（GB 16297—1996）的规定；

（4）不在现场燃烧木质下脚料。

9. 固体废弃物处置

（1）固体废弃物分类收集，集中堆放；

（2）废电池、废墨盒等有毒有害的废弃物封闭回收，不与其他废弃物混放；

（3）有毒有害废物分类率达到 100%；

（4）垃圾桶分可回收利用与不可回收利用两类，定位摆放，定期清运；建筑垃圾回收利用率应达到 30%；

（5）碎石和土石方类等废弃物用作地基和路基填埋材料。

10. 污水排放

（1）现场道路和材料堆放场周边设排水沟；

（2）工程污水和试验室养护用水经处理后排入市政污水管道；工程污水采取去泥沙、除油污、分解有机物、沉淀过滤、酸碱中和等针对性的处理方式，达标排放；

（3）现场厕、洗间设置化粪池；

（4）工地厨房设隔油池，定期清理。设置的现场沉淀池、隔油池、化粪池等及时清理，不发生堵塞、渗漏、溢出等现象。

11. 光污染

（1）夜间钢筋对焊和电焊作业时，采取挡光措施，钢结构焊接设置遮光棚；

（2）工地设置大型照明灯具时，有防止强光线外泄的措施。调整夜间施工灯光投射角度，避免影响周围居民正常生活。

12. 噪声控制宜符合下列规定：

（1）采用先进机械、低噪声设备进行施工，定期保养维护；

（2）产生噪声的机械设备尽量远离施工现场办公区、生活区和周边住宅区；

（3）混凝土输送泵、电锯房等设有吸声降噪屏或其他降噪措施；

（4）夜间施工噪声声强值符合国家有关规定；

（5）混凝土振捣时不得振动钢筋和钢模板；

（6）塔式起重机指挥使用对讲机传达指令，杜绝哨声指挥。

13. 施工现场设置连续、密闭的围挡，围挡应采用硬质实体材料。

14. 施工中开挖土方合理回填利用。现场开挖的土方在满足回填质量要求的前提下，就地回填使用，也可造景等采用其他利用方式，避免倒运。施工现场设置隔声设施。

15. 现场设置可移动环保厕所，并定期清运、消毒。高空作业每隔5～8层设置一座移动环保厕所，施工场地内环保厕所足量配置，并定岗定人负责保洁。

16. 现场应不定期请环保部门到现场检测噪声强度，所有施工阶段的噪声控制在现行国家标准《建筑施工场界环境噪声排放标准》（GB 12523—2011）限值内（表11-1）。

表 11-1　施工场界环境噪声排放标准表

施工阶段	主要噪声源	噪声限值（dB）	
		昼间	夜间
土石方	推土机、挖掘机、装载机等	75	55
打桩	各种打桩机等	85	禁止施工
结构	混凝土、振捣棒、电锯等	70	55
装修	吊车、升降机等	60	55

17. 现场有医务室，人员健康应急预案完善。施工组织设计有保证现场人员健康的应急预案，预案内容应涉及火灾、爆炸、高空坠落、物体打击、触电、机械伤害、坍塌、SARS、疟疾、禽流感、霍乱、登革热、鼠疫疾病等，一旦发生上述事件，现场能果断处理，避免事态扩大和蔓延。

18. 基坑施工做到封闭降水。基坑降水不予控制将会造成水资源浪费，改变地下水自然生态，还会造成基坑周边地面沉降和建、构筑物损坏。所以基坑施工应尽量做到封闭降水。

19. 工程降水后采用回灌法补水，并有防止地下水源污染的措施。地下水回灌就是将经处理后符合一定卫生标准的地面水直接或用人工诱导的方法引入地下含水层中去，以达到调节、控制和改造地下水体的目的。有研究表明，城市污水经过深度处理后可作为回灌地下水，不仅能缓解水资源短缺，还能增加地下水的存储量，扭转地下水位逐年下降的局面，防止地面沉降，具有非常明显的社会效益。

20. 现场采用喷雾设备降尘。现场拆除作业、爆破作业、钻孔作业和干旱燥热条件土石方施工应采用高空喷雾降尘设备减少扬尘。

21. 建筑垃圾回收利用率应达到50%。

22. 工程污水采取去泥沙、除油污、分解有机物、沉淀过滤、酸碱中和等处理方式，实现达标排放。

11.4　节材与材料资源利用评价指标

1. 根据就地取材的原则进行材料选择并有实施记录。

2. 机械保养、限额领料、废弃物再生利用等制度健全。

3. 材料的选择

(1) 施工选用绿色、环保材料；应建立合格供应商档案库，材料采购做到质量优良、价格合理，所选材料应符合以下规定：

① 《民用建筑工程室内环境污染控制标准》(GB 50325—2020) 的要求；

② 《室内装饰装修材料》(GB 18580—GB 18588) 有害物质限量的要求；

③ 混凝土外加剂符合以下标准和规程的要求：

a. 《混凝土外加剂中释放氨的限量》(GB 18588—2001)；

b. 每方混凝土由外加剂带入的碱含量≤1kg。

(2) 临建设施采用可拆迁、可回收材料。

(3) 利用粉煤灰、矿渣、外加剂等新材料，降低混凝土及砂浆中的水泥用量。

4. 材料节约

(1) 采用管件合一的脚手架和支撑体系；

(2) 采用工具式模板和新型模板材料，如铝合金、塑料、玻璃钢和其他可再生材质的大模板和钢框镶边模板；

(3) 材料运输方法科学，运输损耗率低；

(4) 优化线材下料方案；

(5) 面材、块材镶贴，做到预先总体排板；

(6) 因地制宜，采用利于降低材料消耗的四新技术。

5. 资源再生利用

(1) 施工废弃物回收利用率达到50%；

(2) 现场办公用纸分类摆放，纸张两面使用，废纸回收；

(3) 废弃物线材接长合理使用；

(4) 板材、块材等下脚料和撒落混凝土及砂浆科学利用，制订并实施施工场地废弃物管理计划；分类处理现场垃圾，分离可回收利用的施工废弃物，将其直接应用于工程。

(5) 临建设施充分利用既有建筑物、市政设施和周边道路。

6. 施工采用建筑配件整体化或建筑构件装配化安装的施工方法。

7. 主体结构施工选择自动提升、顶升模架或工作平台。

8. 建筑材料包装物回收率100%。现场材料包装用纸质或塑料、塑料泡沫质的盒、袋均要分类回收，集中堆放。

9. 现场使用预拌砂浆。预拌砂浆可集中利用粉煤灰、人工砂、矿山及工业废料和废渣等，对资源节约、减少现场扬尘具有重要意义。

10. 模板采用早拆支撑体系。

11.5　节水与水资源利用评价指标

1. 签订标段分包或劳务合同时，将节水指标纳入合同条款。施工前，应对工程项目的参建各方的节水指标，以合同的形式进行明确，便于节水的控制和水资源的充分利用。

2. 有计量考核记录。

3. 节约用水

（1）根据工程特点，制定用水定额。

（2）施工现场供、排水系统合理适用。

（3）施工现场办公区、生活区的生活用水采用节水器具。

（4）施工现场对生活用水与工程用水分别计量。

（5）施工中采用先进的节水施工工艺。针对节水目标实现，优先选择利于节水的施工工艺，如混凝土养护、管道通水打压、各项防渗漏闭水及喷淋试验等，均采用先进的节水工艺。

（6）混凝土养护和砂浆搅拌用水合理，有节水措施。施工现场尽量避免现场搅拌，优先采用商品混凝土和预拌砂浆。必须现场搅拌时，要设置水计量检测和循环水利用装置。混凝土养护采取薄膜包裹覆盖、喷涂养护液等技术手段，杜绝无措施浇水养护。

（7）管网和用水器具无渗漏。

4. 水资源的利用

（1）合理使用基坑降水；

（2）冲洗现场机具、设备、车辆用水，应设立循环用水装置。

5. 施工现场建立水资源再利用的收集处理系统。

6. 喷洒路面、绿化浇灌不用自来水。

7. 现场办公区、生活区节水器具配置率达到100%。

8. 基坑施工中的工程降水储存使用。

9. 生活、生产污水处理使用。

10. 现场使用经检验合格的非传统水源。现场开发使用自来水以外的非传统水源进行水质检测，并符合工程质量用水标准和生活卫生水质标准。工程节水一要有标准（定额），二要有计量，三要有管理考核。

11.6　节能与能源利用评价指标

1. 对施工现场的生产、生活、办公和主要耗能施工设备设有节能的控制指标。

2. 对主要耗能施工设备定期进行耗能计量核算。建设工程能源计量器具的配备和管理应执行《用能单位能源计量器具配备和管理通则》(GB 17167—2006)。施工用电必须装设电表，生活区和施工区应分别计量；应及时收集用电资料，建立用电节电统计台账。针对不同的工程类型，如住宅建筑、公共建筑、工业厂房建筑、仓储建筑、设备安装工程等进行分析、对比，提高节电率。

3. 不使用国家、行业、地方政府明令淘汰的施工设备、机具和产品。

4. 临时用电设施

(1) 采取节能型设备（线路、变压器、配变电）；

(2) 供电设施配备合理；

(3) 照明设计满足基本照度的规定，不得超过−10％～+5％。

5. 机械设备

(1) 选择配置施工机械设备考虑能源利用效率。

(2) 施工机具资源共享。在施工组织设计中，合理安排施工顺序、工作面，以减少作业区域的机具数量，相邻作业区充分利用共有的机具资源。

(3) 定期监控重点耗能设备的能源利用情况，并有记录。

(4) 建立设备技术档案，定期进行设备维护、保养。

6. 临时设施

(1) 施工临时设施结合日照和风向等自然条件，合理采用自然采光、通风和外窗遮阳设施。

(2) 临时施工用房使用热工性能达标的复合墙体和屋面板，顶棚宜采用吊顶。

7. 材料运输与施工

(1) 建筑材料的选用应缩短运输距离，减少能源消耗。工程施工使用的材料宜就地取材，距施工现场 500km 以内生产的建筑材料用量占工程施工使用的建筑材料总质量的 70％以上。

(2) 采用能耗少的施工工艺。

(3) 合理安排施工工序和施工进度。

(4) 尽量减少夜间作业和冬期施工的时间。夜间作业不仅施工效率低，而且需要大量的人工照明，用电量大，应根据施工工艺特点，合理安排施工作业时间。如白天进行混凝土浇捣，晚上养护等。同样，冬季室外作业，需要采取冬期施工措施，如混凝土浇捣和养护时，采取电热丝加热或搭临时防护棚用煤炉供暖等，都将消耗大量的热能，是需要认真避免的。

8. 根据当地气候和自然资源条件，合理利用太阳能或其他可再生能源。可再生能源是指风能、太阳能、水能、生物质能、地热能、海洋能等非化石能源。国家鼓励单位和个人安装太阳能热水系统、太阳能供热采暖和制冷系统、太阳能光伏发电系统等。我国可再生能源在施工中的利用还刚刚起步，为加快施工现场对太阳能等可再生能源的应用步伐，予以鼓励。

9. 临时用电设备采用自动控制装置。

10. 照明采用声控、光控等自动照明控制。

11. 使用国家、行业推荐的节能、高效、环保的施工设备和机具。

12. 办公、生活和施工现场采用节能照明灯具的数量大于80%。

11.7 节地与土地资源保护评价指标

1. 施工场地布置合理，实施动态管理。施工现场布置实施动态管理，应根据工程进度对平面进行调整。一般建筑工程至少应有地基与基础、结构工程、装饰装修与机电安装三个阶段的施工平面布置图。

2. 施工临时用地有审批用地手续。

3. 施工单位应充分了解施工现场及毗邻区域内人文景观保护要求、工程地质情况及基础设施管线分布情况，制定相应保护措施，并报请相关方核准。

4. 节约用地

（1）施工总平面布置紧凑，尽量减少占地；

（2）在经批准的临时用地范围内组织施工；

（3）根据现场条件，合理设计场内交通道路；

（4）施工现场临时道路布置应与原有及永久道路兼顾考虑，充分利用拟建道路为施工服务；

（5）采用商品混凝土、预拌砂浆或使用散装水泥。

5. 保护用地

（1）采取防止水土流失的措施。

（2）充分利用山地、荒地作为取、弃土场的用地。

（3）施工后应恢复施工活动破坏的植被，种植合适的植物。

（4）对深基坑施工方案进行优化，减少土方开挖和回填量，保护用地。深基坑施工是一项对用地布置、地下设施、周边环境等产生重大影响的施工过程，为减少深基坑施工过程对地下及周边环境的影响，在基坑开挖与支护方案的编制和论证时应考虑尽可能地减少土方开挖和回填量，最大限度地减少对土地的扰动，保护自然生态环境。

（5）在生态脆弱的地区施工完成后，应进行地貌复原。

6. 临时办公和生活用房采用多层轻钢活动板房、钢骨架多层水泥活动板房等可重复使用的装配式结构。临时办公和生活用房采用多层轻钢活动板房或钢骨架水泥活动板房搭建，能够减少临时用地面积，不影响施工人员工作和生活环境，符合绿色施工技术标准要求。

7. 对施工中发现的地下文物资源，应进行有效保护，处理措施恰当。

8. 地下水位控制对相邻地表和建筑物无有害影响。

9. 钢筋加工配送化和构件制作工厂化。

10. 施工总平面布置能充分利用和保护原有建筑物、构筑物、道路和管线等，职工宿舍满足 $2.5\text{m}^2/$ 人的使用面积要求。

11.8　评价方法

1. 绿色施工项目自评价次数每月应不少于一次，且每阶段不少于一次。

2. 评分方法

（1）控制项指标，必须全部满足；评价方法见表 11-2。

表 11-2　控制项评价方法

序号	评分要求	结论	说明
1	措施到位，全部满足考评指标要求	合格	进入一般评价流程
2	措施不到位，不满足考评指标要求	不合格	一票否决，为非绿色施工项目

（2）一般项指标，根据实际发生项具体条目的执行情况计分，计分方法见表 11-3。

表 11-3　一般项计分标准

序号	评分要求	评分
1	措施到位，满足考评指标要求	2
2	措施基本到位，部分满足考评指标要求	1
3	措施不到位，不满足考评指标要求	0

（3）优选项指标，根据完成情况按实际发生项条目加分，加分方法见表 11-4。

表 11-4　优选项加分标准

序号	评分要求	评分
1	措施到位，满足考评指标要求	1
2	措施基本到位，部分满足考评指标要求	0.5
3	措施不到位，不满足考评指标要求	0

3. 要素评价得分

（1）一般项得分按百分制折算，见式（11-1）。

$$A = \frac{B}{C} \times 100 \tag{11-1}$$

式中　A——折算分；

　　　B——实际发生项条目实得分；

　　　C——实际发生项条目应得分。

（2）优选项加分：按优选项实际发生条目加分求和（D）。

（3）要素评价得分：要素评价得分（F）＝一般项折算分（A）＋优选项加分（D）。

4. 批次评价得分

（1）批次评价应按表 11-5 进行要素权重确定。

表 11-5　批次评价要素权重系数

评价要素	评价阶段
	地基与基础、结构工程、装饰装修与机电安装
环境保护	0.3
节材与材料资源利用	0.2
节水与水资源利用	0.2
节能与能源利用	0.2
节地与施工用地保护	0.1

（2）批次评价得分（E）＝∑要素评价得分（F）×权重系数

5. 阶段评价得分

阶段评价得分（G）＝∑批次评价得分（E）/评价批次数

单位工程绿色评价得分：

（1）单位工程评价应按表 11-6 进行要素权重确定。

表 11-6　单位工程要素权重系数

评价阶段	权重系数
地基与基础	0.3
结构工程	0.5
装饰装修与机电安装	0.2

（2）单位工程评价得分（W）＝∑阶段评价得分（G）×权重系数

6. 单位工程项目绿色施工等级判定：

1）满足以下条件之一者为不合格：

（1）控制项不满足要求；

（2）单位工程总得分 $W < 60$ 分；

（3）结构工程阶段得分 < 60 分。

2）满足以下条件者为合格：

（1）控制项全部满足要求；

（2）单位工程总得分在 60 分$\leqslant W < 80$ 分，结构工程得分$\geqslant 60$ 分；

（3）至少每个评价要素各有一项优选项得分，优选项各要素得分$\geqslant 1$ 分，总分$\geqslant$ 5 分。

3）满足以下条件者为优良：

（1）控制项全部满足要求；

（2）单位工程总得分 $W \geqslant 80$ 分，结构工程得分 $\geqslant 80$ 分；

（3）至少每个评价要素中有两项优选项得分，优选项各要素得分 $\geqslant 2$ 分，总分 $\geqslant$ 10 分。

11.9　评价组织和程序

1. 单位工程绿色施工评价的组织方是建设单位，参与方为项目实施单位和监理单位。

2. 施工阶段要素和批次评价应由工程项目部组织进行，评价结果应由建设单位和监理单位签认。

3. 企业应进行绿色施工的随机检查，并对绿色施工目标的完成情况进行评估。

4. 项目部会同建设和监理方根据绿色施工情况，制定改进措施，由项目部实施改进。

5. 项目部应接受业主、政府主管部门及其委托单位的绿色施工检查。

6. 单位工程绿色施工评价应在项目部和企业评价的基础上进行。

7. 单位工程绿色施工应由总承包单位书面申请，在工程竣工验收前进行评价。

8. 单位工程绿色施工评价应检查相关技术和管理资料，并听取施工单位《绿色施工总体情况报告》，综合确定绿色施工评价等级。

9. 单位工程绿色施工评价结果应在有关部门备案。

10. 单位工程绿色施工评价资料应包括：

（1）绿色施工组织设计专门章节，施工方案的绿色要求、技术交底及实施记录；

（2）绿色施工自检及评价记录；

（3）第三方及企业检查资料；

（4）绿色技术要求的图纸会审记录；

（5）单位工程绿色施工评价得分汇总表；

（6）单位工程绿色施工总体情况总结；

（7）单位工程绿色施工相关方验收及确认表。

11. 绿色施工评价资料应按规定存档。

11.10　第三方评价

1. 第三方评价为政府和协（学）会等组织的绿色施工评价活动。

2. 政府和相关方组织绿色施工优秀工程的评审可参照本章节实施。

3. 绿色施工优秀工程评审应在单位工程绿色施工评价为优良的基础上进行，可分别评出金、银、铜奖等档次。

4. 临时设施布置用地的参考指标（附表 A-1～附表 A-3）

附表 A-1　临时加工厂所需面积指标

序号	加工厂名称	工程所需总量	占地总面积（m²）	长×宽（m）	设备配备情况
1	混凝土搅拌站	12500m³	150	10×15	350L 强制式搅拌机 2 台、灰机 2 台、配料机 1 套
2	临时性混凝土预制场	200m³			商品混凝土
3	钢筋加工厂	2800t	300	30×10	弯曲机 2 台、切断机 2 台、对焊机 1 台、拉丝机 1 台
4	金属结构加工厂	30t	600	20×30	氧割 2 套、电焊机 3 台
5	临时道路占地宽度			3.5～6m	

附表 A-2　现场作业棚及堆场所需面积参考指标

序号	名称		高峰期人数	占地总面积（m²）	长×宽（m）	租用或业主提供原有旧房作临时用房情况说明
1	木作	木工作业棚	48	60	10×6	
		成品半成品堆场		200	20×10	
2	钢筋	钢筋加工棚	30	80	10×8	
		成品半成品堆场		210	21×10	
3	铁件	铁件加工棚	6	40	8×5	
		成品半成品堆场		30	6×5	
4	混凝土砂浆	搅拌棚	6	72	12×6	
		水泥仓库	2	35	10×3.5	
		砂石堆场	6	120	12×10	
5	施工用电	配电房	2	18	6×3	
		电工房	4	20	7×4	
6	白铁房		2	12	4×3	
7	油漆工房		12	20	5×4	
8	机、铅修理房		6	18	6×3	
9	石灰	存放棚	2	28	7×4	
10		消化池	2	24	6×4	
11	门窗存放棚			30	6×5	
12	砌块堆场			200	10×10	
13	轻质墙板堆场		8	18	6×3	
14	金属结构半成品堆场			50	10×5	
15	仓库（五金、玻璃、卷材、沥青等）		2	40	8×5	
16	仓库（安装工程）		2	32	4×8	
17	临时道路占地宽度			3.5～6m		

附表 A-3　行政生活福利临时设施

临时房屋名称		占地面积（m²）	建筑面积（m²）	参考指标（m²/人）	备注	人数	租用或使用原有旧房情况说明
办公室		80	80	4	管理人员数	20	
宿舍	双层床	210	600	2	按高峰年（季）平均职工人数（扣除不在工地住宿人数）	200	
食堂		120	120	0.5	按高峰期	240	
浴室		100	100	0.5	按高峰期	200	
活动室		45	45	0.23	按高峰期	200	

12 无障碍设施的施工验收

12.1 一般规定

1. 设计单位就审查合格的施工图设计文件向施工单位进行技术交底时，应对该工程项目包含的无障碍设施做出专项的说明。

2. 无障碍设施的施工应由具有相关工程施工资质的单位承担。

3. 实行监理的建设工程项目，项目监理部应对该工程项目包含的无障碍设施编制监理实施细则。

4. 施工单位应按审查合格的施工图设计文件和施工技术标准进行无障碍设施的施工。

5. 单位工程的施工组织设计中应包括无障碍设施施工的内容。

6. 无障碍设施施工现场应在质量管理体系中包含相关内容，制定相关的施工质量控制和检验制度。

7. 无障碍设施施工应建立安全技术交底制度，并对作业人员进行相关的安全技术教育与培训。作业前，施工技术人员应向作业人员进行详尽的安全技术交底。

8. 无障碍设施疏散通道及疏散指示标识、避难空间、具有声光报警功能的报警装置应符合国家现行消防工程施工及验收标准的有关规定。

9. 无障碍设施使用的原材料、半成品及成品的质量标准，应符合设计文件要求及国家现行建筑材料检测标准的有关规定。室内无障碍设施使用的材料应符合国家现行环保标准的要求，并应具备产品合格证书、中文说明书和相关性能的检测报告。进场前应对其品种、规格、型号和外观进行验收。需要复检的，应按设计要求和国家现行有关标准的规定进行取样和检测。必要时应划分单独的检验批进行检验。

10. 缘石坡道、盲道、轮椅坡道、无障碍出入口、无障碍通道、楼梯和台阶、无障碍停车位、轮椅席位等地面面层抗滑性能应符合标准、规范和设计要求。

11. 无障碍设施施工及质量验收应符合下列规定：

1) 无障碍设施的施工及质量验收应符合行业标准《城镇道路工程施工与质量验收规范》（CJJ 1—2008）和国家标准《建筑工程施工质量验收统一标准》（GB 50300—2013）的有关规定。

2) 无障碍设施的施工及质量验收应按设计要求进行；当设计无要求时，应按国家现行工程质量验收标准的有关规定验收；当没有明确的国家现行验收标准要求时，应由设计单位、监理单位和施工单位按照确保无障碍设施的安全和使用功能的原则共同制定验收标准，并按验收标准进行验收。

3）无障碍设施的施工及质量验收应与单位工程的相关分部工程相对应，划分为分项工程和检验批。无障碍设施按《无障碍设施施工验收及维护规范》（GB 50642—2011）附录 A 进行分项工程划分并与相关分部工程对应。

4）无障碍设施的施工及质量验收应由监理工程师（建设单位项目技术负责人）组织无障碍设施施工单位项目质量负责人等进行。

5）无障碍设施涉及的隐蔽工程在隐蔽前应由施工单位通知监理单位进行验收，并按《无障碍设施施工验收及维护规范》（GB 50642—2011）附录 B 的格式记录，形成验收文件。

6）检验批的质量验收应按《无障碍设施施工验收及维护规范》（GB 50642—2011）附录 D 的格式记录。检验批质量验收合格应符合下列规定：

（1）主控项目的质量应经抽样检验合格；

（2）一般项目的质量应经抽样检验合格；当采用计数检验时，一般项目的合格点率应达到 80％及以上，且不合格点的最大偏差不得大于规范规定允许偏差的 1.5 倍；

（3）具有完整的施工原始资料和质量检查记录。

7）分项工程的质量验收应按《无障碍设施施工验收及维护规范》（GB 50642—2011）附录 D 的格式记录。分项工程质量验收合格应符合下列规定：

（1）分项工程所含检验批均应符合质量合格的规定；

（2）分项工程所含检验批的质量验收记录应完整。

8）当无障碍设施施工质量不符合要求时，应按下列规定进行处理：

（1）经返工或更换器具、设备的检验批，应重新进行验收；

（2）经返修的分项工程，虽然改变外形尺寸但仍能满足安全使用要求，应按技术处理方案和协商文件进行验收；

（3）因主体结构、分部工程原因造成的拆除重做或采取其他技术方案处理的，应重新进行验收或按技术方案验收。

9）无障碍通道的地面面层和盲道面层应坚实、平整、抗滑、无倒坡、不积水。其抗滑性能应由施工单位通知监理单位进行验收。面层的抗滑性能采用抗滑系数和抗滑摆值进行控制；抗滑系数和抗滑摆值的检测方法应符合《无障碍设施施工验收及维护规范》（GB 50642—2011）第 C.0.2 条和第 C.0.3 条的规定。验收记录应按《无障碍设施施工验收及维护规范》（GB 50642—2011）表 C.0.1 的格式记录，形成验收文件。

10）无障碍设施地面基层的强度、厚度及构造做法应符合设计要求。其基层的质量验收，与相应地面基层的施工工序同时验收。基层验收合格后，方可进行面层的施工。

11）地面面层施工后应及时进行养护，达到设计要求后，方可正常使用。

12. 安全抓杆预埋件应进行验收。

13. 安全抓杆预埋件验收时，应由施工单位通知监理单位按《无障碍设施施工验收及维护规范》（GB 50642—2011）附录 B 的格式记录，形成验收文件。

14. 通过返修或加固处理仍不能满足安全和使用要求的无障碍设施分项工程，不得验收。

15. 未经验收或验收不合格的无障碍设施，不得使用。

12.2 缘石坡道

1. 缘石坡道面层材料抗压强度应符合设计要求。检验方法：检查抗压强度试验报告。

2. 全宽式单面坡缘石坡道坡度应符合设计要求。检验方法：用坡度尺量测检查。检查数量：每 40 条查 5 点。

3. 全宽式单面坡缘石坡道宽度应符合设计要求。检验方法：用钢尺量测检查。检查数量：每 40 条查 5 点。

4. 全宽式单面坡缘石坡道下口与缓冲地带地面的高差应符合设计要求。检验方法：用钢尺量测检查。检查数量：每 40 条查 5 点。

5. 混凝土面层表面应平整、无裂缝。检验方法：观察。检查数量：每 40 条查 5 点。

6. 沥青混合料面层压实度应符合设计要求。检验方法：查试验记录（马歇尔击实试件密度、试验室标准密度）。检查数量：每 50 条查 2 点。

7. 沥青混合料面层表面应平整，无裂缝、烂边、掉渣、推挤现象，接槎应平顺，烫边无枯焦现象。检验方法：观察。检查数量：每 40 条查 5 点。

8. 整体面层允许偏差应符合表 12-1 的规定。

表 12-1 整体面层允许偏差

项目		允许偏差（mm）	检验频率		检验方法
			范围	点数	
平整度	水泥混凝土	3	每条	2	2m 靠尺和塞尺量取最大值
	沥青混凝土	3			
	其他沥青混合料	4			
厚度		±5	每 50 条	2	钢尺量测
井框与路面高差	水泥混凝土	3	每座	1	十字法，钢板尺和塞尺量取最大值
	沥青混凝土	5			

9. 板块面层所用的预制砌块、陶瓷类地砖、石板材和块石的品种、质量应符合设计要求。检验方法：观察，检查材质合格证明文件、检验报告。

10. 结合层、块料填缝材料的强度、厚度应符合设计要求。检验方法：检查验收记录、材质合格证明文件及抗压强度试验报告。

11. 三面坡缘石坡道坡度应符合设计要求。检验方法：用坡度尺量测检查。检查数量：每40条查5点。

12. 三面坡缘石坡道宽度应符合设计要求。检验方法：用钢尺量测检查。检查数量：每40条查5点。

13. 三面坡缘石坡道下口与缓冲地带地面的高差应符合设计要求。检验方法：用钢尺量测检查。检查数量：每40条查5点。

14. 缘石坡道面层与基层应结合牢固，无空鼓。检验方法：用小锤轻击检查。

注：凡单块砖边角有局部空鼓，且每检验批不超过总数5%可不计。

15. 地砖、石板材外观不应有裂缝、掉角、缺棱和翘曲等缺陷，表面应洁净，图案清晰、色泽一致，周边顺直。检验方法：观察。

16. 块石面层应组砌合理，无十字缝；当设计未要求时，块石面层石料缝隙应相互错开，通缝不超过两块石料。检验方法：观察。

17. 板块面层允许偏差应符合设计规范的要求和表12-2的规定。

表12-2　板块面层允许偏差

项目	允许偏差（mm）				检验频率		检验方法
	预制砌块	陶瓷类地砖	石板材	块石	范围	点数	
平整度	5	2		3	每条	2	2m靠尺和塞尺量取最大值
相邻块高差	3	0.5	0.5	2	每条	2	钢板尺和塞尺量取最大值
井框与路面高差	3			3	每座	1	十字法，钢板尺和塞尺量取最大值

12.3 盲道

1. 盲道在施工前应对设计图纸进行会审，根据现场情况，与其他设计工种协调，不宜出现为避让树木、电线杆、拉线等障碍物而使行进盲道多处转折的现象。

2. 当利用检查井盖上设置的触感条作为行进盲道的一部分时，应衔接顺直、平整。

3. 盲道铺砌和镶贴时，行进盲道砌块与提示盲道砌块不得替代使用或混用。

4. 预制盲道砖（板）的规格、颜色、强度应符合设计要求。行进盲道触感条和提示盲道触感圆点凸面高度、形状和中心距允许偏差应符合表12-3、表12-4的规定。

表 12-3　行进盲道触感条凸面高度、形状和中心距允许偏差

部位	规定值（mm）	允许偏差（mm）
面宽	25	±1
底宽	35	±1
凸面高度	4	＋1
中心距	62～75	±1

表 12-4　提示盲道触感圆点凸面高度、形状和中心距允许偏差

部位	规定值（mm）	允许偏差（mm）
表面直径	25	±1
底面直径	35	±1
凸面高度	4	＋1
圆点中心距	50	±1

检验方法：检查材质合格证明文件、出厂检验报告，用钢尺量测检查。检查数量：同一规格、同一颜色、同一强度的预制盲道砖（板）材料，应以 $100m^2$ 为一验收批；不足 $100m^2$ 按一验收批计。每验收批取 5 块试件进行检查。

5. 结合层、盲道砖（板）填缝材料的强度、厚度应符合设计要求。检验方法：检查验收记录、材质合格证明文件及抗压强度试验报告。

6. 盲道的宽度，提示盲道和行进盲道设置的部位、走向应符合设计要求。检验方法：观察和用钢尺量测检查。检查数量：全数检查。

7. 盲道与障碍物的距离应符合设计要求。检验方法：用钢尺量测检查。检查数量：全数检查。

8. 人行道范围内各类管线、树池及检查井等构筑物，应在人行道面层施工前全部完成。外露的井盖高程应调整至设计高程。检验方法：用水准仪、靠尺量测检查。检查数量：全数检查。

9. 盲道砖（板）的铺砌和镶贴应牢固，表面平整，缝线顺直，缝宽均匀，灌缝饱满，无翘边、翘角，不积水。其触感条和触感圆点的凸面应高出相邻地面。检验方法：观察。检查数量：全数检查。

10. 预制盲道砖（板）外观允许偏差应符合表 12-5 的规定。

表 12-5　预制盲道砖（板）外观允许偏差

项目	允许偏差（mm）	检查频率		检验方法
		范围（m）	块数	
边长	2			钢尺量测
对角线长度	3	500	20	钢尺量测
裂缝、表面起皮	不允许出现			观察

11. 预制盲道砖（板）面层允许偏差应符合表 12-6 的规定。

表 12-6　预制盲道砖（板）面层允许偏差

项目名称	允许偏差（mm）			检查频率		检验方法
	预制盲道块	石材类盲道板	陶瓷类盲道板	范围（m）	点数	
平整度	3	1	2	20	1	2m靠尺和塞尺量取最大值
相邻块高差		0.5	0.5	20		钢板尺和塞尺量测
接缝宽度	+3，—2	1	2	50	1	钢尺量测
纵缝顺直	5	—	—	50	1	拉20m线钢尺量测
	—	2	3	50	1	拉5m线钢尺量测
横缝顺直	2	1	1	50	1	按盲道宽度拉线钢尺量测

12. 橡塑类盲道应由基层、黏结层和盲道板三部分组成。基层材料宜由混凝土（水泥砂浆）、天然石材、钢质或木质等材料组成。

13. 采用橡胶地板材料制成的盲道板的性能指标应符合行业标准《橡塑铺地材料 第1部分：橡胶地板》（HG/T 3747.1—2011）的有关规定。检验方法：检查材质合格证明文件、出厂检验报告。

14. 采用橡胶地砖材料制成的盲道板的性能指标应符合行业标准《橡塑铺地材料 第2部分：橡胶地砖》（HG/T 3747.2—2004）的有关规定。检验方法：检查材质合格证明文件、出厂检验报告。

15. 聚氯乙烯盲道型材的性能指标应符合行业标准《橡塑铺地材料 第3部分：阻燃聚氯乙烯地板》（HG/T 3747.3—2014）的有关规定。检验方法：检查材质合格证明文件、出厂检验报告。

16. 橡塑类盲道板的厚度应符合设计要求。其最小厚度不应小于30mm，最大厚度不应大于50mm。厚度的允许偏差应为±0.2mm。触感条和触感圆点凸面高度、形状应符合表12-3、表12-4的规定。检验方法：检查出厂检验报告，用游标卡尺量测。

17. 胶黏剂的品种、强度、厚度应符合设计和相关规范要求。面层与基层应黏结牢固、不空鼓。检验方法：检查材质合格证明文件、出厂检验报告，用小锤轻击检查。

18. 橡塑类盲道的宽度，提示盲道和行进盲道设置的部位、走向应符合设计要求。检验方法：观察和用钢尺量测检查。检查数量：全数检查。

19. 橡塑类盲道与障碍物的距离应符合设计要求。检验方法：用钢尺量测检查。检查数量：全数检查。

20. 橡塑类盲道板的尺寸应符合设计要求。其允许偏差应符合表12-7的规定。

表 12-7　橡塑类盲道板尺寸允许偏差

规格	长度	宽度	厚度（mm）	耐磨层厚度（mm）
块材	±0.15%	±0.15%	±0.20	±0.15
卷材	不低于名义值	不低于名义值	±0.20	±0.15

21. 橡塑类盲道板外观不应有污染、翘边、缺角及断裂等缺陷。检验方法：观察。

22. 橡胶地板材料和橡胶地砖材料制成的盲道板的外观质量应符合表 12-8 的规定。检验方法：观察。

表 12-8　橡胶地板材料和橡胶地砖材料制成的盲道板的外观质量

缺陷名称	外观质量要求
表面污染、杂质、缺口、裂纹	不允许
缺陷名称	外观质量
表面缺胶	块材：面积小于 5m²、深度小于 0.2mm 的缺胶不得超过 3 处； 卷材：每平方米面积小于 5mm²、深度小于 0.2mm 的缺胶不得超过 3 处
表面气泡	块材：面积小于 5mm 的气泡不得超过 2 处； 卷材：面积小于 5mm² 的气泡，每平方米不得超过 2 处
色差	单块、单卷不允许有；批次间不允许有明显色差

23. 聚氯乙烯盲道型材的外观质量应符合表 12-9 的规定。检验方法：观察。

表 12-9　聚氯乙烯盲道型材的外观质量

缺陷名称	外观质量要求
气泡、海绵状	表面不允许
褶皱、水纹、疤痕及凹凸不平	不允许
表面污染、杂质	聚氯乙烯块材：不允许； 聚氯乙烯卷材：面积小于 5m²、深度小于 0.15mm 的缺陷，每平方米不得超过 3 处
色差、表面撒花密度不均	单块不允许有；批次间不允许有明显色差

24. 不锈钢盲道应由基层、黏结层和盲道型材 3 部分组成。基层宜分为混凝土（水泥砂浆）、天然石材、钢质和木质的建筑完成面。

25. 不锈钢盲道型材的物理力学性能应符合不锈钢 06Cr19Ni10 的性能要求。

26. 不锈钢盲道型材的厚度应符合设计要求。厚度的允许偏差应为 ±2mm。触感条和触感圆点凸面高度、形状应符合表 12-3、表 12-4 的规定。检验方法：检查出厂检验报告，用游标卡尺量测检查。

27. 胶黏剂的品种、强度、厚度应符合设计要求。面层与基层应黏结牢固、不空鼓。检验方法：检查材质合格证明文件、出厂检验报告，用小锤轻击检查。

28. 不锈钢盲道设置的宽度，提示盲道和行进盲道设置的部位、走向应符合设计要求。检验方法：观察和用钢尺量测检查。检查数量：全数检查。

29. 不锈钢盲道与障碍物的距离应符合设计要求。检验方法：用钢尺量测检查。检查数量：全数检查。

30. 不锈钢盲道型材的尺寸应符合设计要求。

31. 不锈钢盲道面层外观不应有污染、翘边、缺角及断裂等缺陷。检验方法：观察。

32. 不锈钢盲道型材的外观质量应符合表 12-10 的规定。检验方法：观察。

表 12-10　不锈钢盲道型材的外观质量

缺陷名称	外观质量要求
表面污染、杂质、缺口、裂纹	不允许
表面凹坑	面积小于 5mm² 的凹坑，每平方米不得超过 2 处

12.4　轮椅坡道

1. 设置轮椅坡道处应避开雨水井和排水沟。当需要设置雨水井和排水沟时，雨水井和排水沟的雨水箅网眼尺寸应符合设计和相关规范要求，且不应大于 15mm。

2. 轮椅坡道铺面的变形缝应按设计和相关规范的要求设置，并应符合下列规定：

（1）轮椅坡道的变形缝应与结构缝相应的位置一致，且应贯通轮椅坡道面的构造层；

（2）变形缝的构造做法应符合设计和相关规范要求。缝内应清理干净，以柔性密封材料填嵌后用板封盖。变形缝封盖板应与面层齐平。

3. 轮椅坡道顶端轮椅通行平台与地面的高差不应大于 10mm，并应以斜面过渡。

4. 轮椅坡道临空侧面的安全挡台高度、不同位置的坡道坡度和宽度及不同坡度的高度和水平长度应符合设计要求。

5. 轮椅坡道扶手的施工应符合《无障碍设施施工验收及维护规范》（GB 50642—2011）第 3.9 节的有关规定。

6. 轮椅坡道面层材料应符合设计要求。检验方法：检查材质合格证明文件、出厂检验报告。

7. 轮椅坡道板块面层与基层应结合牢固、无空鼓。检验方法：用小锤轻击检查。

8. 轮椅坡道坡度应符合设计要求。检验方法：用坡度尺量测检查。检查数量：全数检查。

9. 轮椅坡道宽度应符合设计要求。检验方法：用钢尺量测检查。检查数量：全数检查。

10. 轮椅坡道下口与缓冲地带地面或休息平台的高差应符合设计要求。检验方法：用钢尺量测检查。检查数量：全数检查。

11. 安全挡台高度应符合设计要求。检验方法：用钢尺量测检查。检查数量：全数检查。

12. 轮椅坡道起点、终点缓冲地带和中间休息平台的长度应符合设计要求。检验方法：用钢尺量测检查。检查数量：全数检查。

13. 雨水井和排水沟的雨水箅网眼尺寸应符合设计要求。检验方法：用钢尺量测检查。检查数量：全数检查。

14. 轮椅坡道外观不应有裂纹、麻面等缺陷。检验方法：观察检查。

15. 轮椅坡道地面面层允许偏差应符合《无障碍设施施工验收及维护规范》（GB 50642—2011）表 3.5.15 的规定。轮椅坡道整体面层允许偏差应符合《无障碍设施施工验收及维护规范》（GB 50642—2011）表 3.2.9 的规定。轮椅坡道板块面层允许偏差应符合《无障碍设施施工验收及维护规范》（GB 50642—2011）表 3.2.18 的规定。

12.5 无障碍通道

1. 无障碍通道内盲道的施工应符合《无障碍设施施工验收及维护规范》（GB 50642—2011）第 3.3 节的有关规定。

2. 无障碍通道内扶手的施工应符合《无障碍设施施工验收及维护规范》（GB 50642—2011）第 3.9 节的有关规定。

3. 无障碍通道地面面层材料应符合设计要求。检验方法：检查材质合格证明文件、出厂检验报告。

4. 无障碍通道地面面层与基层应结合牢固、无空鼓。检验方法：用小锤轻击检查。

5. 无障碍通道的宽度应符合设计要求，无障碍物。检验方法：观察和用钢尺量测检查。

6. 从墙面伸入无障碍通道凸出物的尺寸和高度应符合设计要求。园林道路的树木凸入无障碍通道内的高度应符合国家标准《公园设计规范》（GB 51192—2016）第 7.1.13 条、第 7.1.17 条的规定。检验方法：观察和用钢尺量测检查。检查数量：全数检查。

7. 无障碍通道内雨水井和排水沟的雨水箅网眼尺寸应符合设计要求，且不应大于 15mm。检验方法：用钢尺量测检查。检查数量：全数检查。

8. 门扇向无障碍通道内开启时设置的凹室尺寸应符合设计要求。检验方法：用钢尺量测检查。检查数量：全数检查。

9. 无障碍通道一侧或尽端与其他地坪有高差时，设置的栏杆或栏板等安全设施应符合设计要求。检验方法：观察和用钢尺量测检查。检查数量：全数检查。

10. 无障碍通道内的光照度应符合设计要求。检验方法：检查检测报告。检查数量：全数检查。

11. 无障碍通道内的雨水箅应安装平整。检验方法：用钢板尺和塞尺量测检查。

12. 无障碍通道护壁板的高度应符合设计要求。检验方法：用钢尺量测检查。检查数量：每条通道和走道查 2 点。

13. 无障碍通道转角处墙体的倒角或圆弧尺寸应符合设计要求。检验方法：用钢尺量测检查。检查数量：每条通道和走道查 2 点。

14. 无障碍通道地面面层允许偏差应符合表 12-11 的规定。坡道整体面层允许偏差应符合《无障碍设施施工验收及维护规范》（GB 50642—2011）表 3.2.9 的规定。坡道板块面层允许偏差应符合《无障碍设施施工验收及维护规范》（GB 50642—2011）表 3.2.18 的规定。

表 12-11　无障碍通道地面面层允许偏差

项目		允许偏差（mm）	检验频率		检验方法
			范围	点数	
平整度	水泥砂浆	2	每条	2	用 2m 靠尺和塞尺量取最大值
	细石混凝土、橡胶弹性面层	3			
	沥青混合料	4			
	水泥花砖	2			
	陶瓷类地砖	2			
	石板材	1			
整体面层厚度		±5	每条	2	用钢尺量测或现场钻孔
相邻块高差		0.5	每条	2	用钢板尺和塞尺量取最大值

15. 无障碍通道的雨水箅和护墙板的允许偏差应符合表 12-12 的规定。

表 12-12　雨水箅和护墙板的允许偏差

项目	允许偏差（mm）	检验频率		检验方法
		范围	点数	
地面与雨水箅高差	0，−3	每条	2	用钢板尺和塞尺量取最大值
护墙板高度	+3，0	每条	2	用钢尺量测

12.6　无障碍停车位

1. 通往无障碍停车位的轮椅坡道和无障碍通道应分别符合《无障碍设施施工验收及维护规范》（GB 50642—2011）第 3.4 节和第 3.5 节的规定。

2. 无障碍停车位的停车线、轮椅通道线的标划应符合国家标准《城市道路交通标志和标线设置规范》（GB 51038—2015）的有关规定。

3. 无障碍停车位设置的位置和数量应符合设计要求。检验方法：观察。

4. 无障碍停车位一侧的轮椅通道宽度应符合设计要求。检验方法：用钢尺量测检查。检查数量：全数检查。

5. 无障碍停车位的地面漆画的停车线、轮椅通道线和无障碍标志应符合设计要求。检验方法：观察。检查数量：全数检查。

6. 无障碍停车位地面面层允许偏差应符合《无障碍设施施工验收及维护规范》（GB 50642—2011）表 3.5.15 的规定。坡道整体面层允许偏差应符合《无障碍设施施工验收及维护规范》（GB 50642—2011）表 3.2.9 的规定。坡道板块面层允许偏差应符合《无障碍设施施工验收及维护规范》（GB 50642—2011）表 3.2.18 的规定。

7. 无障碍停车位地面的坡度应符合设计要求。检验方法：观察和用坡度尺量测检查。

8. 无障碍停车位地面坡度允许偏差应符合表 12-13 的规定。

表 12-13　无障碍停车位地面坡度允许偏差

项目	允许偏差（%）	检验频率		检验方法
		范围	点数	
坡度	±1.3	每条	2	用坡度尺量测

12.7　无障碍出入口

1. 无障碍出入口处设置的提示闪烁灯应符合设计要求。

2. 无障碍出入口处的盲道施工应符合《无障碍设施施工验收及维护规范》（GB 50642—2011）第 3.3 节的有关规定。

3. 无障碍出入口处的坡道施工应符合《无障碍设施施工验收及维护规范》（GB 50642—2011）第 3.4 节的有关规定。

4. 无障碍出入口处扶手的施工应符合《无障碍设施施工验收及维护规范》（GB 50642—2011）第 3.9 节的有关规定。

5. 采用无台阶的无障碍出入口室外地面的坡度应符合设计要求。检验方法：用坡度尺量测检查。检查数量：全数检查。

6. 无障碍出入口平台的宽度、平台上方设置的雨篷应符合设计要求。检验方法：用钢尺量测检查。检查数量：全数检查。

7. 无障碍出入口门厅、过厅设两道门时，门扇同时开启的距离应符合设计要求。检验方法：用钢尺量测检查。检查数量：全数检查。

8. 无障碍出入口处的雨水算网眼尺寸应符合设计要求，且不应大于 15mm。检验方法：用钢尺量测检查。检查数量：全数检查。

12.8　低位服务设施

1. 通往低位服务设施的坡道和无障碍通道应符合《无障碍设施施工验收及维护规范》（GB 50642—2011）第 3.4 节和第 3.5 节的规定。

2. 低位服务设施设置的部位和数量应符合设计要求。检验方法：观察。检查数量：全数检查。

3. 低位服务设施的高度、宽度、深度、电话台和饮水口的高度应符合设计要求。检验方法：观察和用钢尺量测检查。检查数量：全数检查。

4. 低位服务设施下方的净空尺寸应符合设计要求。检验方法：用钢尺量测检查。检查数量：全数检查。

5. 低位服务设施前的轮椅回转空间尺寸应符合设计要求。检验方法：用钢尺量测检查。检查数量：全数检查。

6. 低位服务设施处开关的选型应符合设计要求。检验方法：检查产品合格证明文件。检查数量：全数检查。

12.9　扶手

1. 扶手所使用材料的材质，扶手的截面形状、尺寸应符合设计要求。检验方法：检查产品合格证明文件、出厂检验报告和用钢尺量测检查。

2. 扶手的立柱和托架与主体结构的连接应经隐蔽工程验收合格后，方可进行下道工序的施工。扶手的强度及扶手立柱和托架与主体的连接强度应符合设计要求。检验方法：检查隐蔽工程验收记录和用手扳检查，必要时可进行拉拔试验。

3. 扶手设置的部位、安装高度、其内侧与墙面的距离应符合设计要求。检验方法：观察和用钢尺量测检查。检查数量：全数检查。

4. 扶手的连贯情况、起点和终点的延伸方向和长度应符合设计要求。检验方法：观察和用钢尺量测检查。检查数量：全数检查。

5. 对有安装盲文铭牌要求的扶手，盲文铭牌的数量和安装位置应符合设计要求。检验方法：观察。检查数量：全数检查。

6. 扶手转角弧度应符合设计要求，接缝应严密，表面应光滑，色泽应一致，不得有裂缝、翘曲及损坏。检验方法：观察。

7. 钢构件扶手表面应做防腐处理，其连接处的焊缝应锉平磨光。检验方法：观察和手摸检查。

8. 扶手的允许偏差应符合表 12-14 的规定。

表 12-14　扶手的允许偏差

项目	允许偏差（mm）	检验频率		检验方法
		范围	点数	
立柱和托架间距	3	每条	2	钢尺量测
立柱垂直度	3	每条	2	1m 垂直检测尺测量
扶手直线度	4	每条	1	拉 5m 线、钢尺测量

12.10 门

1. 采用玻璃门时，其形式和玻璃的种类应符合设计和规范要求。

2. 门与相邻墙壁的亮度对比应符合设计和规范要求。

3. 门的选型、材质、平开门的开启方向应符合设计要求。检验方法：检查产品合格证明文件，观察检查。检查数量：全数检查。

4. 门开启后的净宽应符合设计要求。检验方法：用钢尺量测检查。检查数量：全数检查。

5. 推拉门、平开门把手一侧的墙面宽度应符合设计要求。检验方法：用钢尺量测检查。检查数量：全数检查。

6. 门扇上安装的把手、关门拉手和闭门器应符合设计要求。检验方法：检查产品合格证明文件，手扳检查，开闭测试。检查数量：全数检查。

7. 平开门门扇上观察窗的尺寸和安装高度应符合设计要求。检验方法：观察和用钢尺量测检查。检查数量：全数检查。

8. 门内外的高差及斜面的处理应符合设计要求。检验方法：观察和用钢尺量测检查。检查数量：全数检查。

9. 门表面应洁净、平整、光滑、色泽一致。检查数量：每10樘抽查2樘。

10. 门的允许偏差应符合表12-15的规定。

表12-15 门的允许偏差

项目			允许偏差（mm）	检验频率		检验方法
				范围	点数	
门框正、侧面垂度值	木门	普通	2	每10樘	2	用钢尺量测
		高级	1			
	钢门		3			
	铝合金门		2.5			
门横框水平度			3	每10樘	2	用水平尺和塞尺测量
平开门护门板高度			+3, 0	每10樘	2	用钢尺量测

12.11 无障碍电梯和升降平台

1. 通往无障碍电梯和升降平台的盲道、轮椅坡道、无障碍通道、楼梯和台阶应分别符合《无障碍设施施工验收及维护规范》（GB 50642—2011）第3.3节、第3.4节、第3.5节、第3.12节的规定。

2. 无障碍电梯轿厢内和升降平台的扶手应符合《无障碍设施施工验收及维护规范》

（GB 50642—2011）第3.9节的规定。

3. 无障碍电梯和升降平台的类型、设置的位置和数量应符合设计要求。检验方法：观察，检查产品合格证明文件。检查数量：全数检查。

4. 候梯厅宽度应符合设计要求。检验方法：用钢尺量测检查。检查数量：全数检查。

5. 专用选层按钮选型、按钮高度应符合设计要求。检验方法：观察和用钢尺量测检查。检查数量：全数检查。

6. 无障碍电梯门洞净宽度应符合设计要求。检验方法：用钢尺量测检查。检查数量：全数检查。

7. 无障碍电梯轿厢内的楼层显示装置和音响报层装置应符合设计要求。检验方法：现场测试。检查数量：全数检查。

8. 轿厢的规格及轿厢门开启后的净宽度应符合设计要求。检验方法：检查产品合格证明文件，用钢尺量测检查。检查数量：全数检查。

9. 门扇关闭的光幕感应和门开闭的时间间隔应符合设计要求。检验方法：现场测试。检查数量：全数检查。

10. 镜子或不锈钢镜面的安装应符合设计要求。检验方法：观察和用钢尺量测检查。检查数量：全数检查。

11. 升降平台的净宽和净深、挡板的设置应符合设计要求。检验方法：检查产品合格证明文件，用钢尺量测检查。检查数量：全数检查。

12. 升降平台的呼叫和控制按钮的高度应符合设计要求。检验方法：用钢尺量测检查。检查数量：全数检查。

13. 护壁板安装位置和高度应符合设计要求，护壁板高度允许偏差应符合表12-16的规定。

表 12-16　护壁板高度允许偏差

项目	允许偏差（mm）	检验频率		检验方法
		范围	点数	
护壁板高度	+3，0	每个轿厢	3	用钢尺量测

12.12　楼梯和台阶

1. 台阶应避开雨水井和排水沟。当需要设置雨水井和排水沟时，雨水井和排水沟的雨水箅网眼尺寸不应大于15mm。

2. 楼梯和台阶面层的变形缝应按设计要求设置，并应符合下列规定：

（1）面层的变形缝应与结构相应缝的位置一致，且应贯通面层的构造层；

（2）变形缝的构造做法应符合设计和相关规范要求。缝内应清理干净，以柔性密封材料填嵌后用板封盖。变形缝封盖板应与面层齐平。

3. 楼梯和台阶上盲道的施工应符合《无障碍设施施工验收及维护规范》（GB 50642—2011）第3.3节的有关规定。

4. 楼梯和台阶上扶手的施工应符合《无障碍设施施工验收及维护规范》（GB 50642—2011）第3.9节的有关规定。

5. 楼梯和台阶面层材料应符合设计要求。检验方法：检查材质合格证明文件、出厂检验报告。

6. 楼梯和台阶面层与基层应结合牢固、无空鼓。检验方法：用小锤轻击检查。

7. 楼梯的净空高度、楼梯和台阶的宽度应符合设计要求。检验方法：用钢尺量测检查。检查数量：全数检查。

8. 踏步的宽度和高度应符合设计要求，其允许偏差应符合《无障碍设施施工验收及维护规范》（GB 50642—2011）表3.12.9的规定。

9. 安全挡台高度应符合设计要求。检验方法：用钢尺量测检查。检查数量：全数检查。

10. 踢面应完整。踏面凸缘的形状和尺寸、踢面和踏面颜色应符合设计要求。检验方法：观察和用钢尺量测检查。检查数量：全数检查。

11. 雨水井和排水沟的雨水箅网眼尺寸应符合设计要求，且不应大于15mm。检验方法：观察和用钢尺量测检查。检查数量：全数检查。

12. 面层外观不应有裂纹、麻面等缺陷。检验方法：观察。

13. 踏面面层应表面平整，板块面层应无翘边、翘角现象。面层质量允许偏差应符合表12-17的规定。

表 12-17　面层质量允许偏差

项目		允许偏差（mm）	检验频率		检验方法
			范围	点数	
平整度	水泥砂浆、水磨石	2	每梯段	2	用2m靠尺和塞尺量取最大值
	细石混凝土、橡胶弹性面层	3			
	水泥花砖	3			
	陶瓷类地砖	2			
	石板材	1			
相邻块高差		0.5	每梯段	2	用钢板尺和塞尺量取最大值

12.13　轮椅席位

1. 通往轮椅席位的轮椅坡道和无障碍通道应分别符合《无障碍设施施工验收及维护规范》（GB 50642—2011）第3.4节和第3.5节的规定。

2. 轮椅席位设置的部位和数量应符合设计要求。检验方法：观察。检查数量：全数检查。

3. 轮椅席位的面积应符合设计要求，且不应小于 1.10m×0.8m。检验方法：用钢尺量测检查。检查数量：全数检查。

4. 轮椅席位边缘处安装的栏杆或栏板应符合设计要求。检验方法：观察和用钢尺量测检查。检查数量：全数检查。

5. 轮椅席位地面涂画的范围线和无障碍标志应符合设计要求。检验方法：观察。检查数量：全数检查。

6. 陪同者席位的设置应符合设计要求。检验方法：观察。

7. 轮椅席位地面面层允许偏差应符合《无障碍设施施工验收及维护规范》（GB 50642—2011）表 3.5.15 的规定。

12.14 无障碍厕所和无障碍厕位

1. 通往无障碍厕所和无障碍厕位的轮椅坡道和无障碍通道应分别符合《无障碍设施施工验收及维护规范》（GB 50642—2011）第 3.4 节和第 3.5 节的规定。

2. 无障碍厕所和无障碍厕位的门应符合《无障碍设施施工验收及维护规范》（GB 50642—2011）第 3.10 节的规定。

3. 无障碍厕所和无障碍厕位的面积和平面尺寸应符合设计要求。检验方法：观察和用钢尺量测检查。检查数量：全数检查。

4. 无障碍厕位设置的位置和数量应符合设计要求。检验方法：观察。检查数量：全数检查。

5. 坐便器、小便器、低位小便器、洗手盆、镜子等洁具和配件选用型号、安装高度应符合设计要求。检验方法：检查产品合格证明文件和用钢尺量测检查。检查数量：全数检查。

6. 安全抓杆选用的材质、形状、截面尺寸、安装位置应符合设计要求。检验方法：检查产品合格证明文件，观察和用钢尺量测检查。检查数量：全数检查。

7. 厕所和厕位的安全抓杆应安装牢固，支撑力应符合设计要求。检验方法：检查产品合格证明文件、隐蔽工程验收记录、支撑力测试报告。检查数量：全数检查。

8. 供轮椅乘用者使用的无障碍厕所和无障碍厕位内轮椅的回转空间应符合设计要求。检验方法：用钢尺量测检查。检查数量：全数检查。

9. 求助呼叫按钮的安装部位和高度应符合设计要求。报警信息传输、显示可靠。检验方法：检查产品合格证明文件，观察和用钢尺量测检查，现场测试。检查数量：全数检查。

10. 洗手盆设置的高度及下方的净空尺寸应符合设计要求。检验方法：用钢尺量测检查。检查数量：全数检查。

11. 放物台的材质、平面尺寸、高度应符合设计要求。检验方法：检查产品合格证明文件，用钢尺量测检查。

12. 挂衣钩安装的部位和高度应符合设计要求。挂衣钩的安装应牢固，强度满足悬挂重物的要求。检验方法：观察和用钢尺量测检查，手扳检查。

13. 安全抓杆安装应横平竖直，转角弧度应符合设计要求，接缝应严密满焊，表面应光滑，色泽应一致，不得有裂缝、翘曲及损坏。检验方法：观察和手摸检查。

14. 照明开关的选型和安装的高度应符合设计要求。检验方法：检查产品合格证明文件，用钢尺量测检查。检查数量：全数检查。

15. 灯具的型号和照度应符合设计要求。检验方法：检查产品合格证明文件、照度检测报告。检查数量：全数检查。

16. 无障碍厕所和无障碍厕位地面面层允许偏差应符合《无障碍设施施工验收及维护规范》（GB 50642—2011）表 3.5.15 的规定。

17. 放物台、挂衣钩和安全抓杆的允许偏差应符合表 12-18 的规定。

表 12-18　放物台、挂衣钩和安全抓杆的允许偏差

项目		允许偏差 （mm）	检验频率		检验方法
			范围	点数	
放物台	平面尺寸	±10	每个	2	用钢尺量测
	高度	0，−10			
挂衣钩高度		0，−10	每座厕所	2	用钢尺量测
安全抓杆的垂直度		2	每4个	2	用垂直检测尺量测
安全抓杆的水平度		3	每4个	2	用水平尺量测

12.15　无障碍浴室

1. 通往无障碍浴室的轮椅坡道和无障碍通道应分别符合《无障碍设施施工验收及维护规范》（GB 50642—2011）第 3.4 节和第 3.5 节的规定。

2. 无障碍浴室的门应符合《无障碍设施施工验收及维护规范》（GB 50642—2011）第 3.10 节的规定。

3. 无障碍盆浴间和无障碍淋浴间的面积和平面尺寸应符合设计要求。检验方法：用钢尺量测检查。检查数量：全数检查。

4. 无障碍浴室内轮椅的回转空间应符合设计要求。检验方法：用钢尺量测检查。检查数量：全数检查。

5. 无障碍淋浴间的座椅和安全抓杆的配置、安装高度和深度应符合设计要求。检验方法：检查产品合格证明文件，用钢尺量测检查。检查数量：全数检查。

6. 无障碍盆浴间的浴盆、洗浴坐台和安全抓杆的配置、安装高度和深度应符合设计要求。检验方法：检查产品合格证明文件，用钢尺量测检查。检查数量：全数检查。

7. 浴室的安全抓杆应安装坚固，支撑力应符合设计要求。检验方法：检查产品合格证明文件、隐蔽工程验收记录、支撑力测试报告。检查数量：全数检查。

8. 求助呼叫按钮的安装部位和高度应符合设计要求。报警信息传输、显示可靠。检验方法：检查产品合格证明文件，用钢尺量测检查，现场测试。检查数量：全数检查。

9. 更衣台、洗手盆和镜子安装的高度、深度，洗手盆下方的净空尺寸应符合设计要求。检验方法：用钢尺量测检查。检查数量：全数检查。

10. 浴帘、毛巾架和淋浴器喷头的安装高度应符合设计要求。检验方法：用钢尺量测检查。

11. 安全抓杆安装应横平竖直，转角弧度应符合设计要求，接缝应严密满焊，表面应光滑，色泽应一致，不得有裂缝、翘曲及损坏。检验方法：观察和手摸检查。

12. 照明开关的选型和安装的高度应符合设计要求。检验方法：检查产品合格证明文件，用钢尺量测检查。检查数量：全数检查。

13. 灯具的型号和照度应符合设计要求。检验方法：检查产品合格证明文件、照度检测报告。检查数量：全数检查。

14. 无障碍盆浴间和无障碍淋浴间地面的允许偏差应符合《无障碍设施施工验收及维护规范》（GB 50642—2011）表 3.5.15 的规定。

15. 浴帘、毛巾架、淋浴器喷头、更衣台、挂衣钩和安全抓杆的允许偏差应符合表12-19 的规定。

表 12-19 浴帘、毛巾架、淋浴器喷头、更衣台、挂衣钩和安全抓杆的允许偏差

项目		允许偏差（mm）	检验频率		检验方法
			范围数	点	
浴帘、毛巾架、挂衣钩高度		0，−10	每个	1	用钢尺量测
淋浴器喷头高度		0，−15	每个	1	用钢尺量测
更衣台、洗手盆	平面尺寸	±10	每个	2	用钢尺量测
	高度	0，−10	每个	2	用钢尺量测
安全抓杆的垂直度		2	每4个	2	用垂直检测尺量测
安全抓杆的水平度		3	每4个	2	用水平尺测量

12.16 无障碍住房和无障碍客房

1. 无障碍住房的吊柜、壁柜、厨房操作台安装预埋件或后置预埋件的数量、规格、位置应符合设计和相关规范要求。必须经隐蔽工程验收合格后，方可进行下道工序的施工。

2. 通往无障碍住房和无障碍客房的轮椅坡道、无障碍通道、无障碍电梯和升降平台、楼梯和台阶应分别符合《无障碍设施施工验收及维护规范》（GB 50642—2011）第3.4节、第3.5节、第3.11节、第3.12节的规定。

3. 无障碍住房和无障碍客房的门应符合《无障碍设施施工验收及维护规范》（GB 50642—2011）第3.10节的规定。

4. 无障碍住房和无障碍客房的卫生间应符合《无障碍设施施工验收及维护规范》（GB 50642—2011）第3.14节的规定。

5. 无障碍住房和无障碍客房的浴室应符合《无障碍设施施工验收及维护规范》（GB 50642—2011）第3.15节的规定。

6. 无障碍住房和无障碍客房的套型布置。无障碍客房内的过道、卫生间，无障碍住房的卧室、起居室、厨房、卫生间、过道和阳台等基本使用空间的面积应符合设计要求。检验方法：用钢尺量测检查。检查数量：全数检查。

7. 无障碍客房设置的位置和数量应符合设计要求。检验方法：观察。检查数量：全数检查。

8. 无障碍住房和无障碍客房所设置的求助呼叫按钮和报警灯的安装部位和高度应符合设计要求。报警信息显示、传输可靠。检验方法：检查产品合格证明文件，用钢尺量测检查，现场测试。检查数量：全数检查。

9. 无障碍住房和无障碍客房设置的家具和电器的摆放位置和高度应符合设计要求。检验方法：用钢尺量测检查。检查数量：全数检查。

10. 无障碍住房和无障碍客房的地面、墙面及轮椅回转空间应符合设计要求。检验方法：观察和用钢尺量测检查。检查数量：全数检查。

11. 无障碍住房的厨房操作台、吊柜、壁柜必须安装牢固。厨房操作台的高度、深度及台下的净空尺寸、厨房吊柜的高度和深度应符合设计要求。检验方法：手扳检查，用钢尺量测检查。检查数量：全数检查。

12. 橱柜的高度和深度、挂衣杆的高度应符合设计要求。检验方法：用钢尺量测检查。检查数量：全数检查。

13. 无障碍住房的阳台进深应符合设计要求。检验方法：用钢尺量测检查，

14. 晾晒设施应符合设计要求。检验方法：观察。

15. 开关、插座的选型、位置和安装高度应符合设计要求。检验方法：检查产品合格证明文件，用钢尺量测检查。

16. 无障碍住房设置的通信设施应符合设计要求。检验方法：观察，现场测试。

17. 无障碍住房和无障碍客房地面的允许偏差应符合《无障碍设施施工验收及维护规范》（GB 50642—2011）表3.5.15的规定。

18. 无障碍住房的厨房操作台、吊柜、壁柜，表面应平整、洁净，色泽应一致，不得有裂缝、翘曲及损坏。检验方法：观察。

19. 无障碍住房的厨房操作台、吊柜、壁柜的抽屉和柜门应开关灵活，回位正确。检验方法：观察，开启和关闭检查。

20. 无障碍住房的橱柜、厨房操作台、吊柜、壁柜的允许偏差应符合表 12-20 的规定。

表 12-20　橱柜、厨房操作台、吊柜、壁柜的允许偏差

项目	允许偏差（mm）	检验方法
外形尺寸	3	用钢尺量测
立面垂直度	2	用垂直检测尺量测
门与框架的直线度	2	拉通线，用钢尺量测

12.17　过街音响信号装置

1. 过街音响信号装置的选型、设置和安装应符合国家标准《道路交通信号灯》（GB 14887—2011）和《道路交通信号灯设置与安装规范》（GB 14886—2016）的有关规定。

2. 装置应安装牢固，立杆与基础有可靠的连接。检验方法：检查安装施工记录、隐蔽工程验收记录。检查数量：全数检查。

3. 装置设置的位置、高度应符合设计要求。检验方法：观察和用钢尺量测检查。检查数量：全数检查。

4. 装置音响的间隔时间、声压级应符合设计要求。音响信号装置应具有根据要求开关的功能。检验方法：检查产品合格证明文件，现场测试。检查数量：全数检查。

5. 过街音响信号装置的立杆应安装垂直。垂直度允许偏差为柱高的 1/1000。检验方法：用线锤和直尺量测检查。检查数量：每 4 组抽查 2 根。

6. 信号灯的轴线与过街人行横道的方向应一致，夹角不应大于 5°。检验方法：拉线量测检查。检查数量：每 4 组抽查 2 根。

12.18　无障碍标志和盲文标志

1. 无障碍标志和盲文标志的材质应符合设计要求。检验方法：检查产品合格证明文件。

2. 无障碍标志和盲文标志设置的部位、规格和高度应符合设计要求。检验方法：观察和用钢尺量测检查。

3. 无障碍标志和盲文标志及图形的尺寸和颜色应符合国际通用无障碍标志的要求。检验方法：观察和用钢尺量测检查。

4. 对有盲文标牌要求的设施，盲文标牌设置的部位、规格和高度应符合设计要求。

检验方法：观察和用钢尺量测检查。

5.盲文标牌的尺寸和盲文内容应符合设计要求。盲文制作应符合国家标准《中国盲文》（GB/T 15720—2008）的有关要求。检验方法：用钢尺量测检查，手摸检查。

6.盲文地图和触摸式发声地图的设置部位、规格和高度应符合设计要求。检验方法：观察和用钢尺量测检查。

本书引用规范、标准目录

［1］中华人民共和国住房和城乡建设部．建筑施工组织设计规范：GB/T 50502—2009［S］．北京：中国建筑工业出版社，2009.

［2］中华人民共和国住房和城乡建设部．建筑工程绿色施工规范：GB/T 50905—2014［S］．北京：中国建筑工业出版社，2014.

［3］中华人民共和国住房和城乡建设部．建筑地面工程施工质量验收规范：GB 50209—2010［S］．北京：中国计划出版社，2010.

［4］中华人民共和国住房和城乡建设部．建筑桩基技术规范：JGJ 94—2008［S］．北京：中国建筑工业出版社，2008.

［5］中华人民共和国住房和城乡建设部．建筑工程冬期施工规程：JGJ/T 104—2011［S］．北京：中国建筑工业出版社，2011.

［6］中华人民共和国住房和城乡建设部．建筑深基坑工程施工安全技术规范：JGJ 311—2013［S］．北京：中国建筑工业出版社，2013.

［7］中华人民共和国住房和城乡建设部．建筑施工高处作业安全技术规范：JGJ 80—2016［S］．北京：中国建筑工业出版社，2016.

［8］中华人民共和国住房和城乡建设部．建筑变形测量规范：JGJ 8—2016［S］．北京：中国建筑工业出版社，2016.

［9］中华人民共和国住房和城乡建设部．建筑与市政工程地下水控制技术规范：JGJ 111—2016［S］．北京：中国建筑工业出版社，2017.

［10］中华人民共和国住房和城乡建设部．建筑工程施工质量验收统一标准：GB 50300—2013［S］．北京：中国建筑工业出版社，2014.

［11］中华人民共和国住房和城乡建设部．混凝土结构工程施工质量验收规范：GB 50204—2015［S］．北京：中国建筑工业出版社，2015.

［12］中华人民共和国住房和城乡建设部．建筑基坑工程监测技术规标准：GB 50497—2019［S］．北京：中国计划出版社，2020.

［13］中华人民共和国住房和城乡建设部．建筑施工安全技术统一规范：GB 50870—2013［S］．北京：中国计划出版社，2014.

［14］中华人民共和国住房和城乡建设部．建筑地基基础工程施工质量验收标准：GB 50202—2018［S］．北京：中国计划出版社，2018.

［15］中华人民共和国住房和城乡建设部．钢结构工程施工规范：GB 50755—2012［S］．北京：中国建筑工业出版社，2012.

［16］中华人民共和国住房和城乡建设部．钢结构工程施工质量验收标准：GB 50205—2020［S］．北京：中国计划出版社，2020.

［17］浙江省住房和城乡建设厅 . 绿色建筑设计标准：DB 33/1092—2021［S］.

［18］中华人民共和国住房和城乡建设部，国家市场监督管理总局 . 建筑与市政地基基础通用规范：GB 55003—2021［S］. 北京：中国建筑工业出版社，2021.

［19］中华人民共和国住房和城乡建设部，国家市场监督管理总局 . 钢结构通用规范：GB 55006—2021［S］. 北京：中国建筑工业出版社，2021.

［20］中华人民共和国住房和城乡建设部，国家市场监督管理总局 . 砌体结构通用规范：GB 55007—2021［S］. 北京：中国建筑工业出版社，2021.

［21］中华人民共和国住房和城乡建设部，国家市场监督管理总局 . 混凝土结构通用规范：GB 55008—2021［S］. 北京：中国建筑工业出版社，2021.

［22］中华人民共和国住房和城乡建设部，国家市场监督管理总局 . 建筑与市政工程无障碍通用规范：GB 55019—2021［S］. 北京：中国建筑工业出版社，2021.

［23］中华人民共和国住房和城乡建设部，国家市场监督管理总局 . 施工脚手架通用规范：GB 55023—2022［S］. 北京：中国建筑工业出版社，2022.

［24］中华人民共和国住房和城乡建设部，国家市场监督管理总局 . 建筑与市政工程施工质量控制通用规范：GB 55032—2022［S］. 北京：中国建筑工业出版社，2022.

［25］中华人民共和国住房和城乡建设部，国家市场监督管理总局 . 建筑与市政施工现场安全卫生与职业健康通用规范：GB 55034—2022［S］. 北京：中国建筑工业出版社，2022.